남성복 실무 바지 패턴

Men's wear pants Practical pattern

남성복 실무 바지 패턴

Men's wear pants Practical pattern

E.Hoo Atelier

머리말

옷을 만드는 일은 디자인, 패턴, 봉제 뿐 아니라 수많은 사람들의 협력을 통해 진행됩니다.
중요하지 않은 단계의 일이 없습니다.
이 책에서는 옷의 뼈대를 만드는 작업인, 패턴 제작에 대해서 다루었습니다.

남성복 실무 바지 패턴을 다루었습니다.
실무와 강의를 하며 느낀 점을 토대로,
현실적으로 가장 도움이 될 자료에 대해 고민하였습니다.
단순히 학습에서 끝나는 것이 아니라 실질적으로 사용할 수 있도록 준비하였습니다.

실무에서 바로 사용이 가능하도록 여러 디자인의 바지를 준비하였습니다.
패턴의 실질적인 활용을 돕기 위해, 본 패턴으로 제작된 의상 사진을 담았습니다.
기성복 제작 활용을 돕기 위해 사이즈 표와 그레이딩 자료를 함께 담았습니다.

손으로 패턴을 떠보는 것뿐만 아니라,
직접 만들어 보고, 만든 옷을 스스로 점검해보며 익히시고, 활용해 주시면 좋겠습니다.
학습적으로도 도움이 되고, 실무적으로도 도움이 되길 바랍니다.

업데이트 자료와 피드백, 봉제와 디자인 패턴 등에 관한 자료들을
블로그와 유튜브, 인스타그램 등에 올려놓고 있으니 참고해주시면 더욱 좋겠습니다.

패턴들은 거버 캐드(Gerber Accumark) 프로그램을 사용하여 제작되었습니다.

이 책을 위해 물심양면으로 도와주신 많은 분들께 진심으로 감사드립니다.

네이버 블로그 [이후 아틀리에 E.Hoo Atelier] https://blog.naver.com/ehoo_at

유튜브 [이후 아틀리에 E.Hoo Atelier] https://www.youtube.com/EHOOATELIER

바지란...

한때 스키니진이 크게 유행하여 남녀 모두 스키니진 스타일을 즐겨 입을 때가 있었다.
키가 큰편도 아니었고 체격도 작았기에,
통이 큰 바지 보다는 적당히 슬림한 바지가 어울린다고생각했다.
그래서 스키니 진이나 슬림하고 단순한 디자인의 바지를 즐겨 입었었다.
코디 발란스에 있어서, 바지의 역할을 줄이고 주로 상의에 포인트를 주어 옷을 입게 되니,
스타일의 발란스가 한정적으로 되는 것이 느껴졌다.

하지만 유행의 흐름이 바뀌고 이제는 모두 다양한 스타일의 바지를 즐겨 입는다.
여러 가지의 디자인과 스타일이 혼재되어 있는 시기이다.

일반적으로 상의, 특히 자켓에서 옷의 떨어지는 핏감을 찾는다.
하지만 바지에서는 단순히 바지통이나 기장, 디자인 디테일 정도만 따지고 그 외에 바지 그 자체만의흐름,
발란스는 많이 찾지 않는 경우가 종종 있어 아쉬울 때가 있다.

바지는 하의 영역을 담당함으로써 전체 스타일의 무게를 잡아주는 중요한 역할을 한다.
바지는 신발과 매치되며, 상의로 연결되는 길로써 그 역할이 매우 크다.
상의를 가볍게 입어도, 바지에 힘을 주면 스타일이 단단해 진다. 무게가 마음에 든다.
단독 아이템으로 바지를 사랑한다.

골반에서 오는 편한 바지도 좋고, 허리에서 오는 바지의 단단한 실루엣도 아름답다.

패턴을 뜨고 봉제를 하고, 이런저런 고민과 연구를 하며 많은 바지를 만들어보았다.
입는 즐거움뿐만 아니라 일하는 즐거움과 만드는 즐거움까지 얻을 수 있어 행복하다.

목 차

남성복 캐쥬얼 디자인 바지

목 차

남성복 일자핏 캐쥬얼 바지 MP21G010

남성복 일자핏 캐쥬얼 진 MP210008

남성복 무릎 주름 고딕 진 MP21B004

남성복 카고 조거 팬츠 MP21U005

남성복 캐쥬얼 밴딩 팬츠 MP21U007

남성복 와이드핏 테이퍼드 진 MP21U006

남성복 기본 일자핏 데님 바지 MP21U_J001

남성복 데님 와이드 팬츠 MP21M003

남성복 기본 반바지 MP21U009

남성복 투턱 반바지 MP21U_U002

남성복 일자핏 캐쥬얼 바지 MP21G010

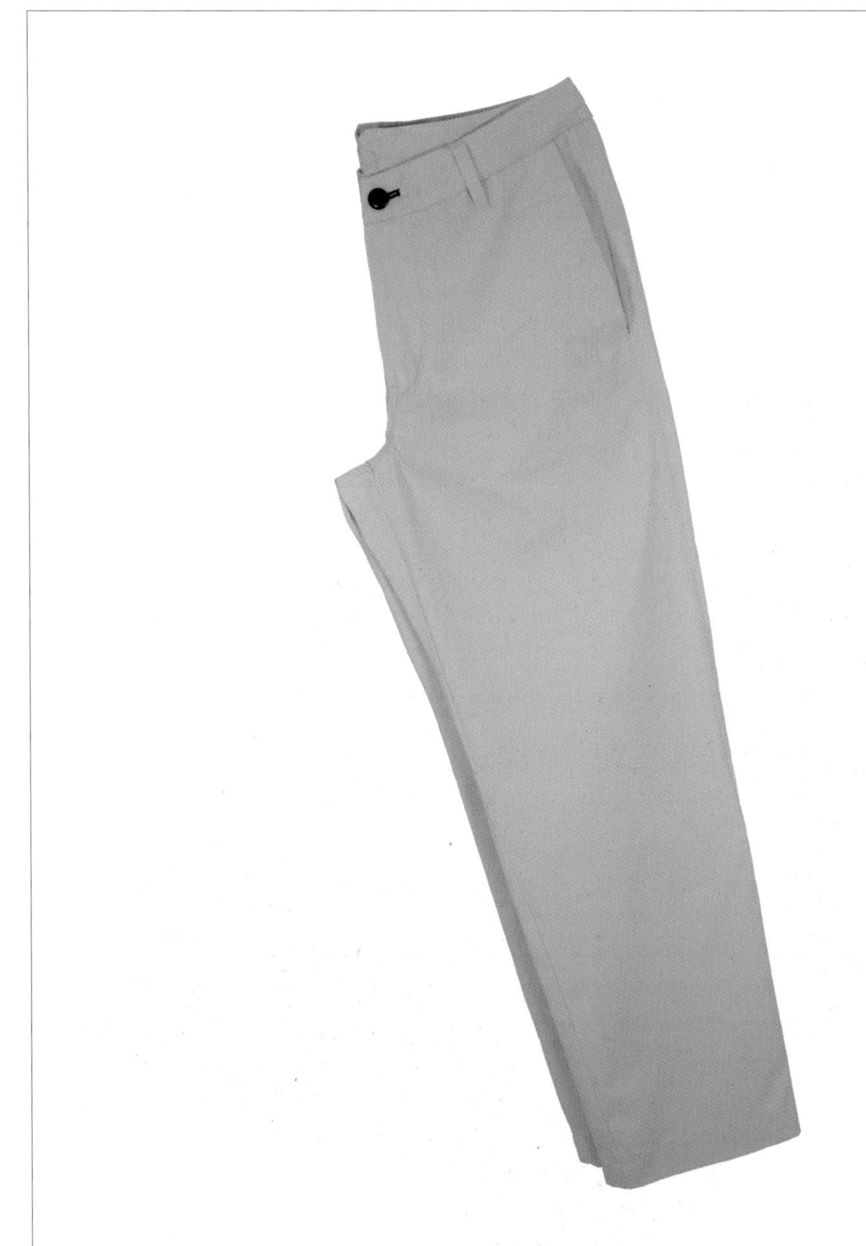

패턴사이즈 (단위:cm)	MP21G010							
허리 둘레	72	76	80	84	88	92	96	100
엉덩이 둘레	89.5	93.5	97.5	101.5	105.5	109.5	113.5	117.5
밑단 단면	20.7	21.2	21.7	22.2	22.7	23.2	23.7	24.2
총장	108	108.5	109	109.5	110	110.5	111	111.5

※ 허리둘레는 원단두께에 따라, 패턴사이즈보다 1cm~2.5cm 작아질 수 있습니다.(내외경차)

※ 인체 누드치수에서 적당한 여유가 있어야 합니다.

남성복 일자핏 캐쥬얼 바지 MP21G010

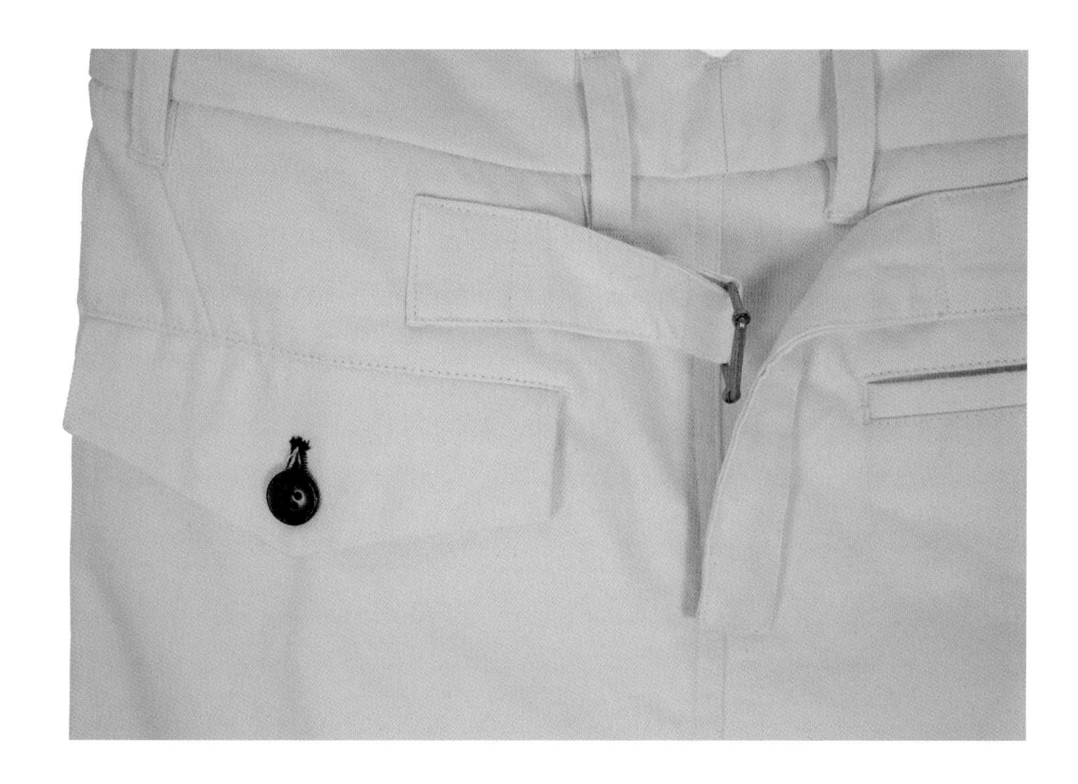

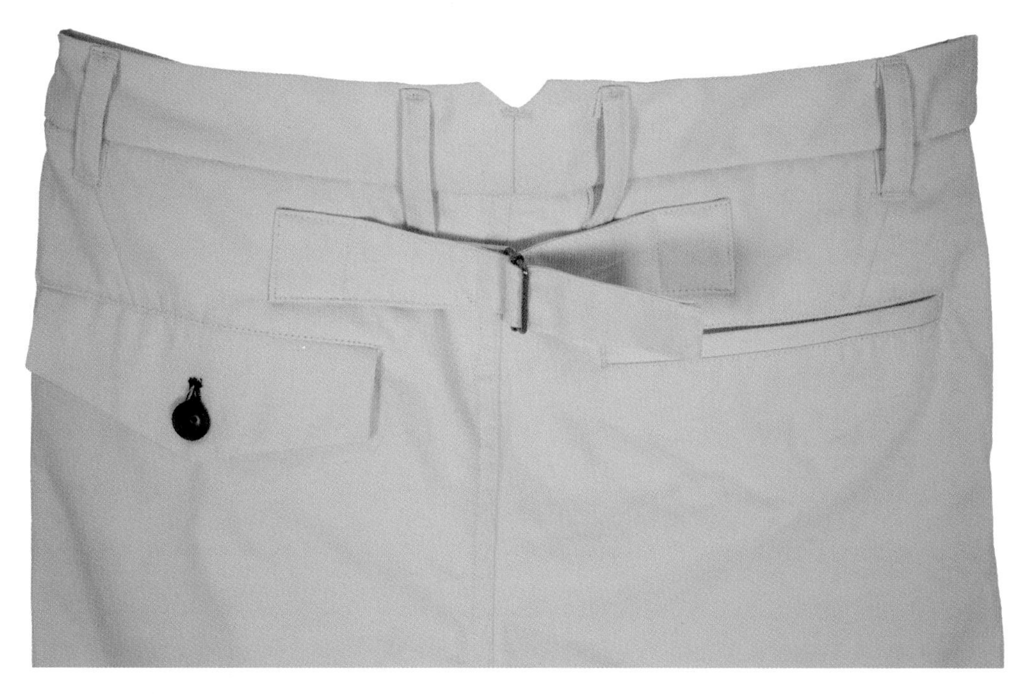

남성복 일자핏 캐쥬얼 바지 MP21G010

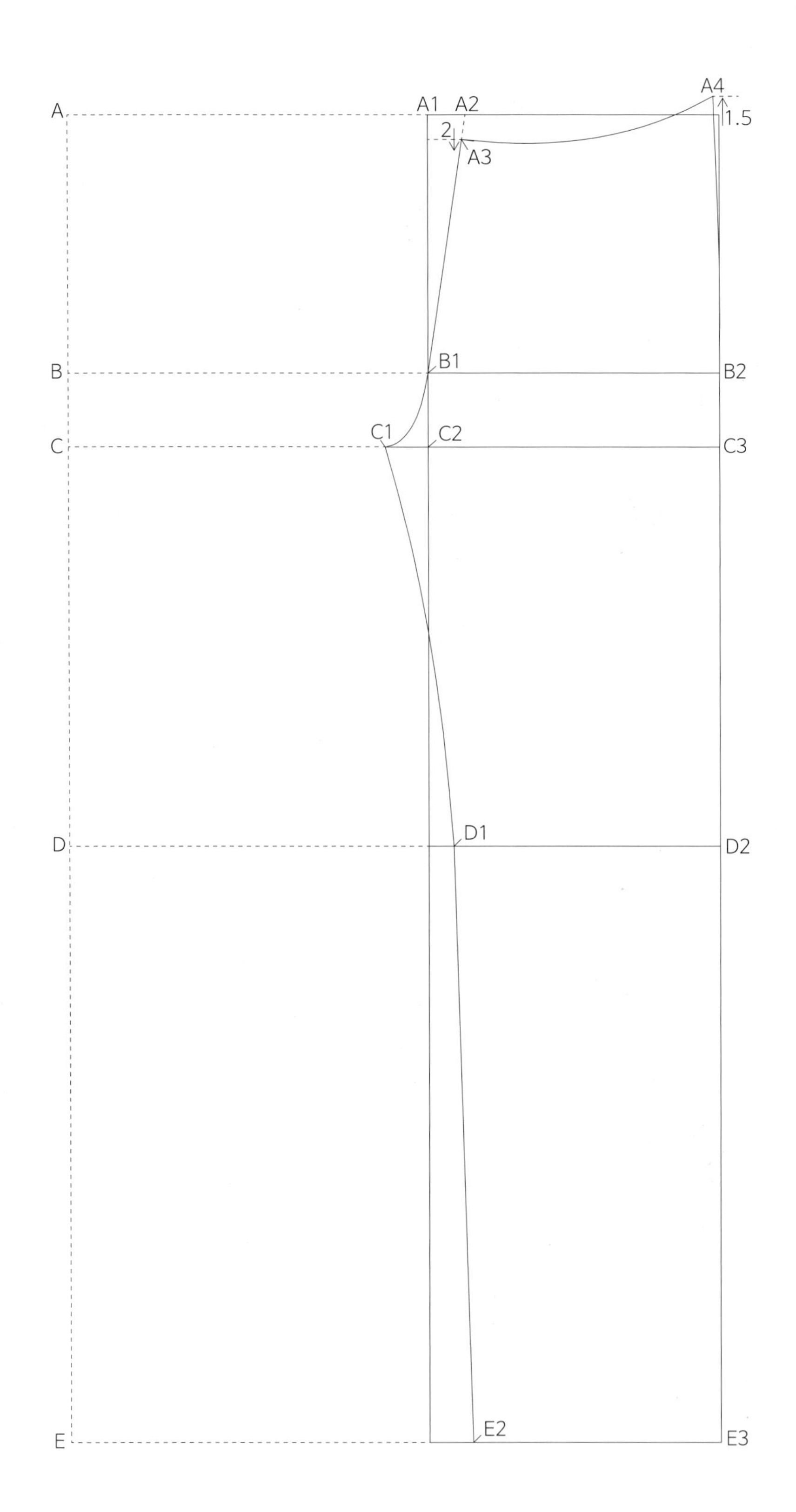

남성복 일자핏 캐쥬얼 바지 MP21G010

A-B	21	
B-C	6	
C-D	32.5	
D-E	48.5	
B1-B2	23.5	앞판 힙 값
A1-A2	3	입체값
A3-A4	20	앞허리
B2-C3-D2-E3	수직으로 연결	
C1-C2	3.5	앞 고마대
D1-D2	23.5	
E3-E2	20	

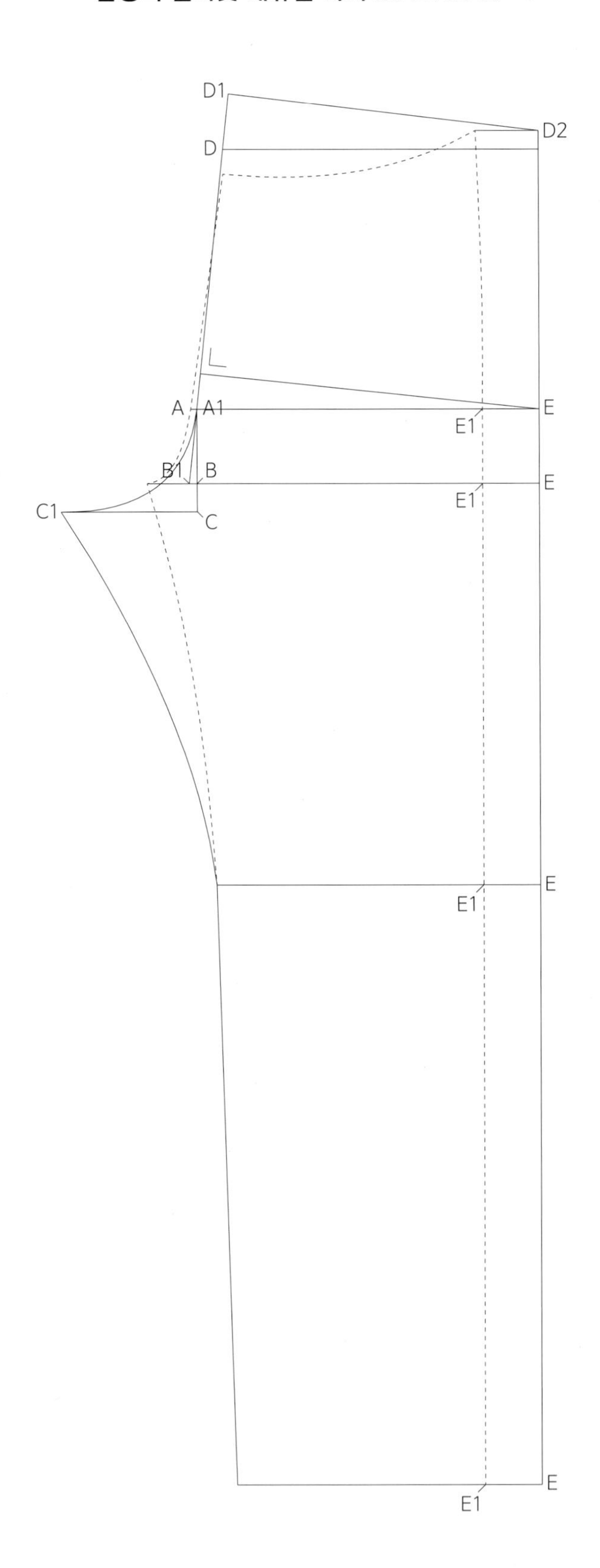
D1
D2
D
A
A1
E
E1
B1
B
E
E1
C1
C
E
E1
E
E1

A-A1	0.5	
A1-B	6	수직으로 내림
B-B1	0.6	
B1-A1	직선 연결	뒤 중심선을 그린다
D-D1	4.5	
D1-D2	25	22 (뒤허리 값) +3(다트 값)
B-C	2.3	
C-C1	11	뒤 고마대 값
E-E1	4.5	

앞 뒤판을 인심끼리 붙이고 고마대 라인을 자연스럽게 골라준다

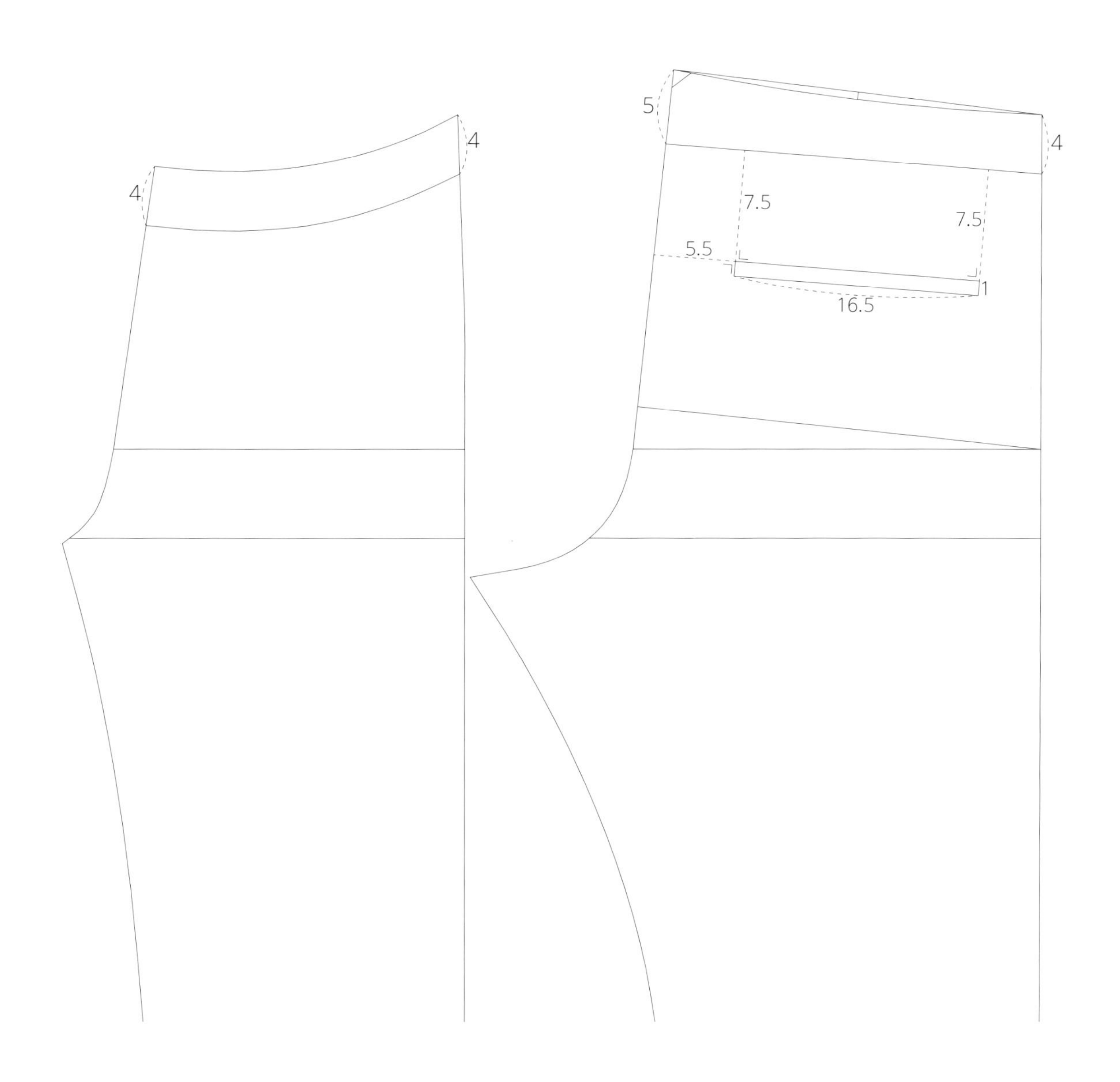

오비 라인을 그려준다

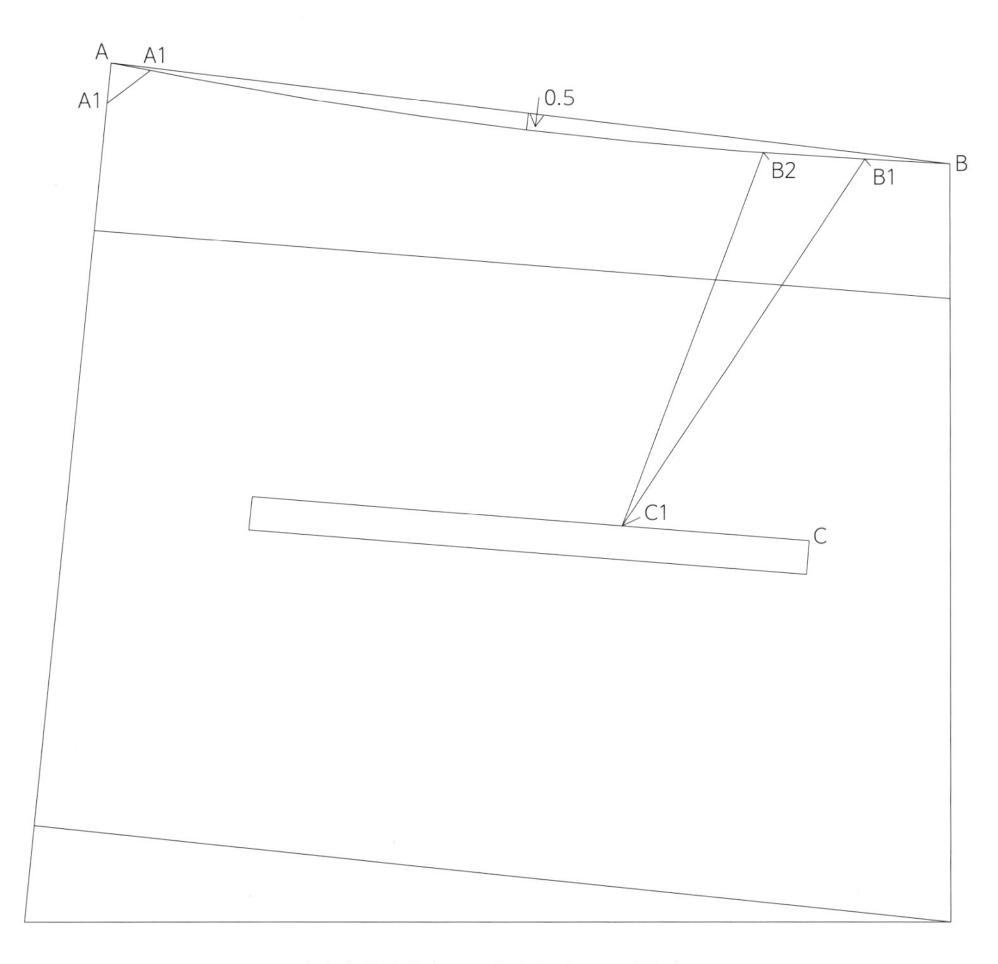

뒤허리 중심에서 0.5 내려 곡선으로 파준다

A-A1	1.2
B-B1	2.5
B1-B2	3(다트값)
C-C1	5.5

오비를 따 준다

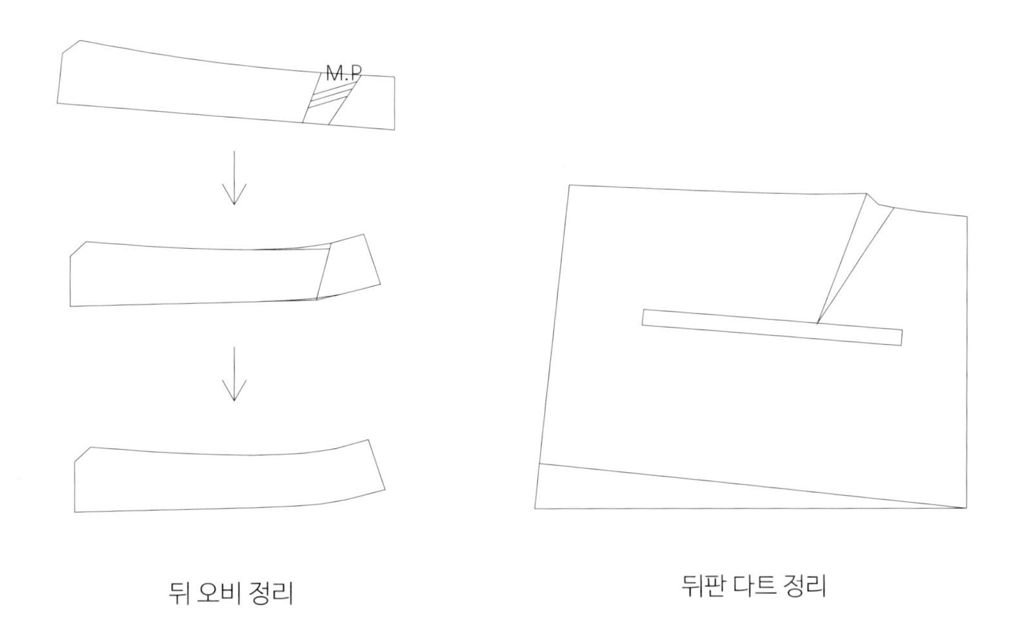

뒤 오비 정리

뒤판 다트 정리

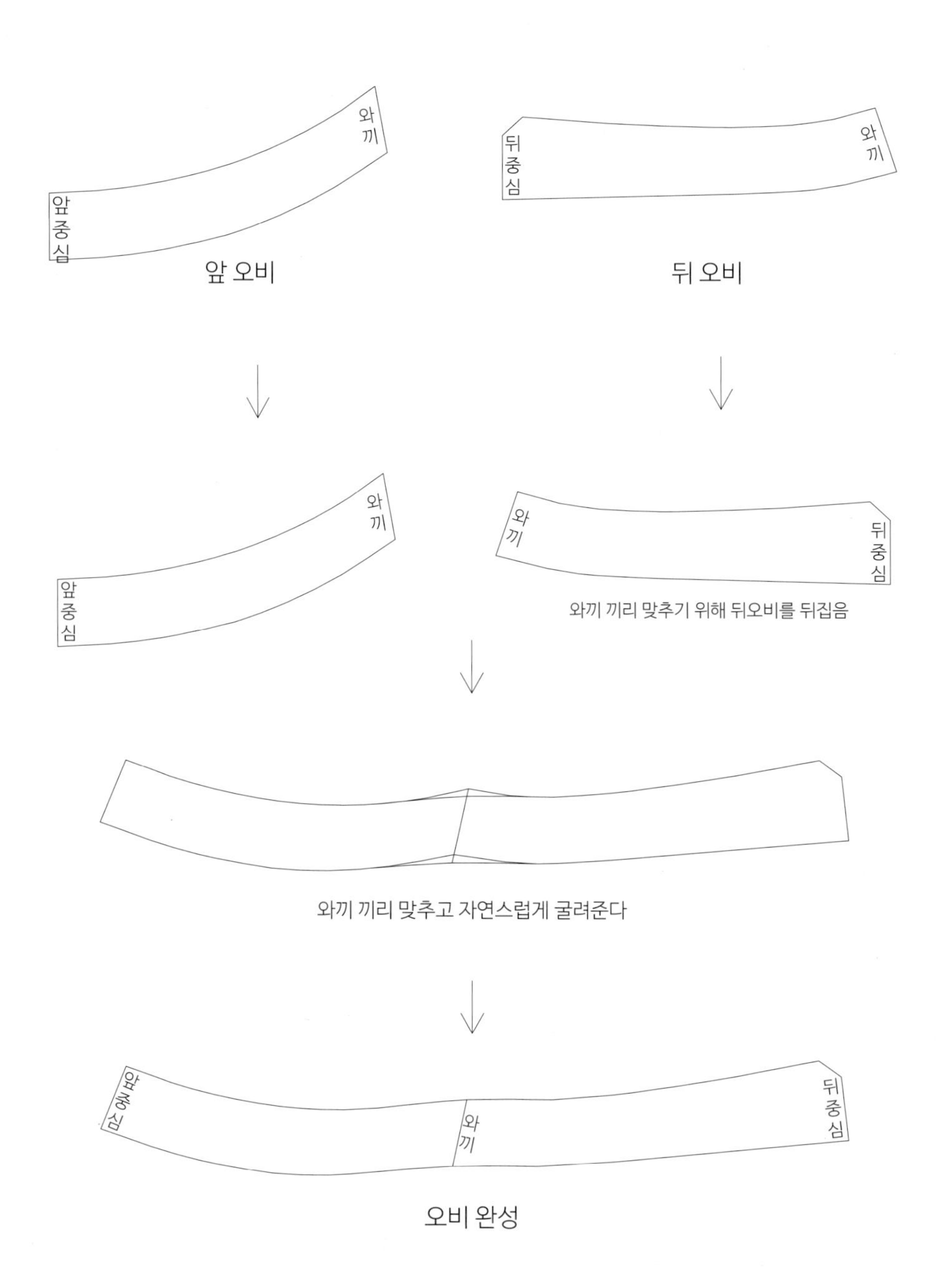
와
끼
앞
중
심
앞 오비
뒤
중
심
와
끼
뒤 오비
와
끼
앞
중
심
와
끼
뒤
중
심
와끼 끼리 맞추기 위해 뒤오비를 뒤집음
와끼 끼리 맞추고 자연스럽게 굴려준다
앞
중
심
와
끼
뒤
중
심
오비 완성

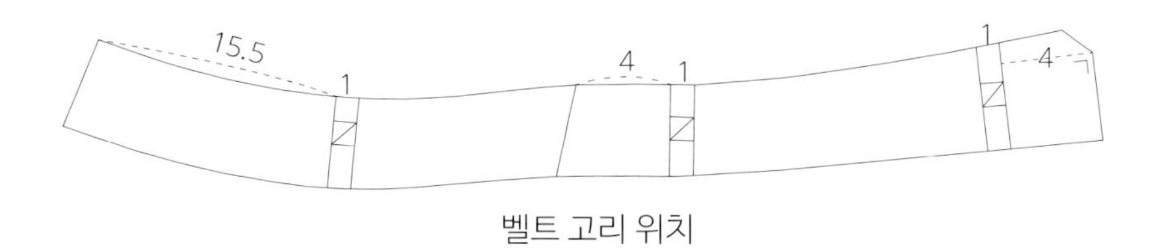

벨트 고리 위치

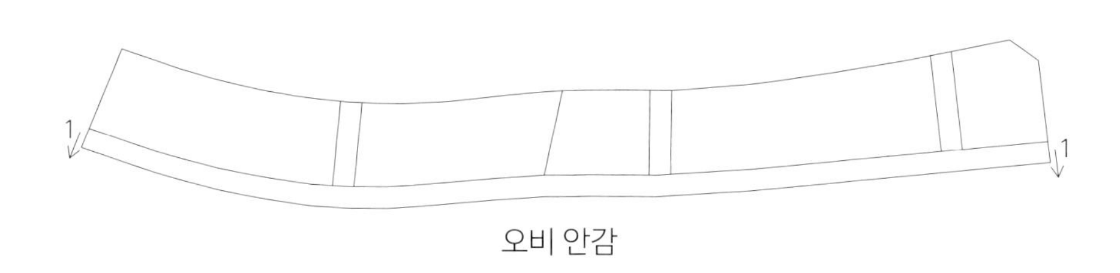

오비 안감

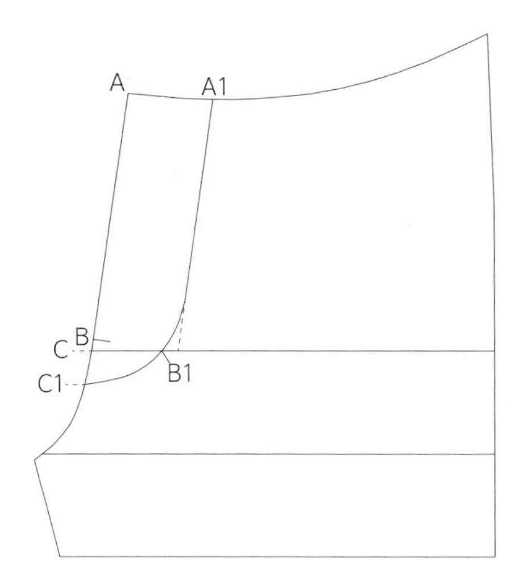

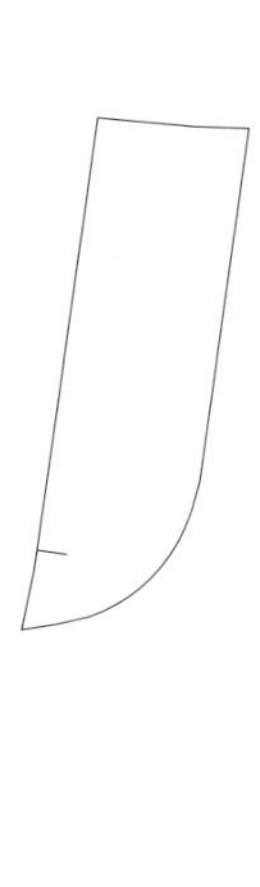

마이다데

A-A1	5	
A-B	15	지퍼 끝
C-C1	2	
B1-C	4	

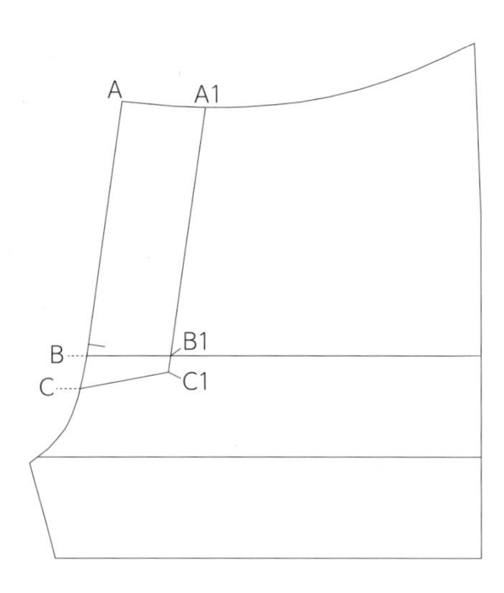

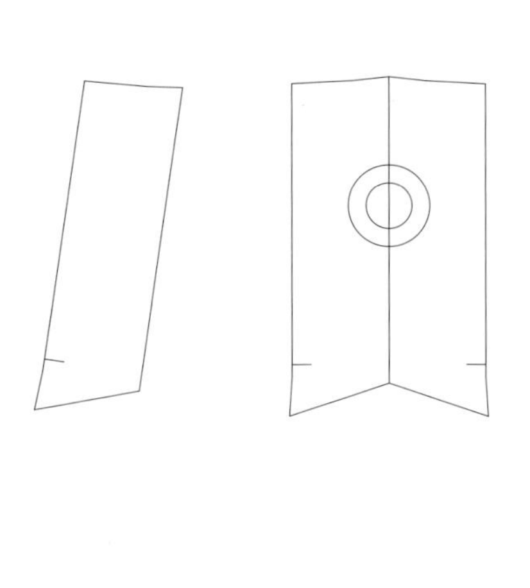

뎅고

A-A1	5
B-B1	5
B-C	2
B1-C1	1

남성복 일자핏 캐쥬얼 바지 MP21G010

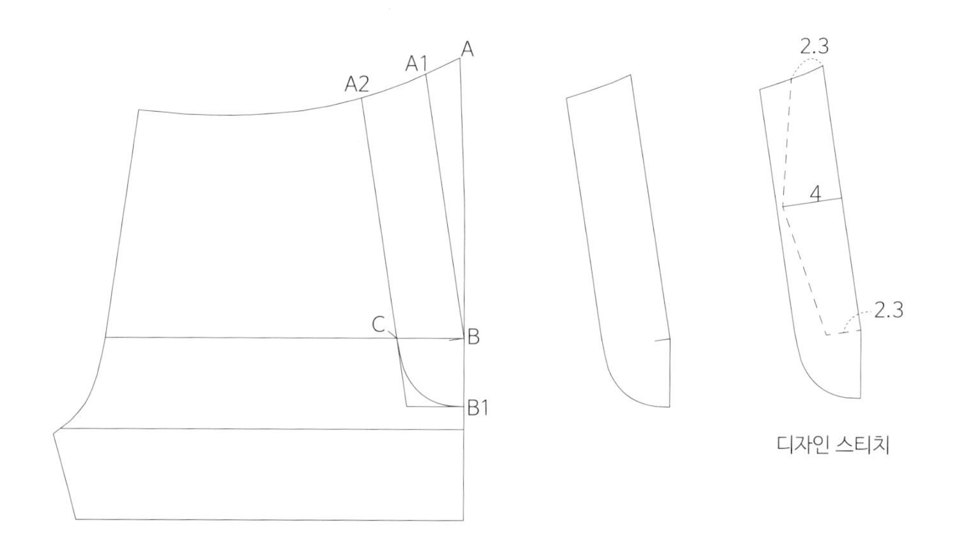

손등 묵가대

A-A1	2.5
A1-A2	4.5
A-B	18.5
B-B1	4.5
B-C	4.5

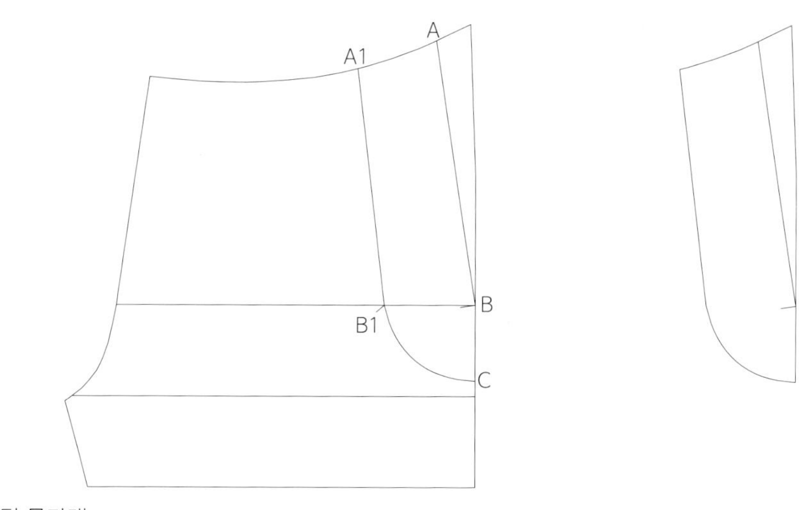

손바닥 묵가대

A-A1	5.5
B-C	5
B-B1	6

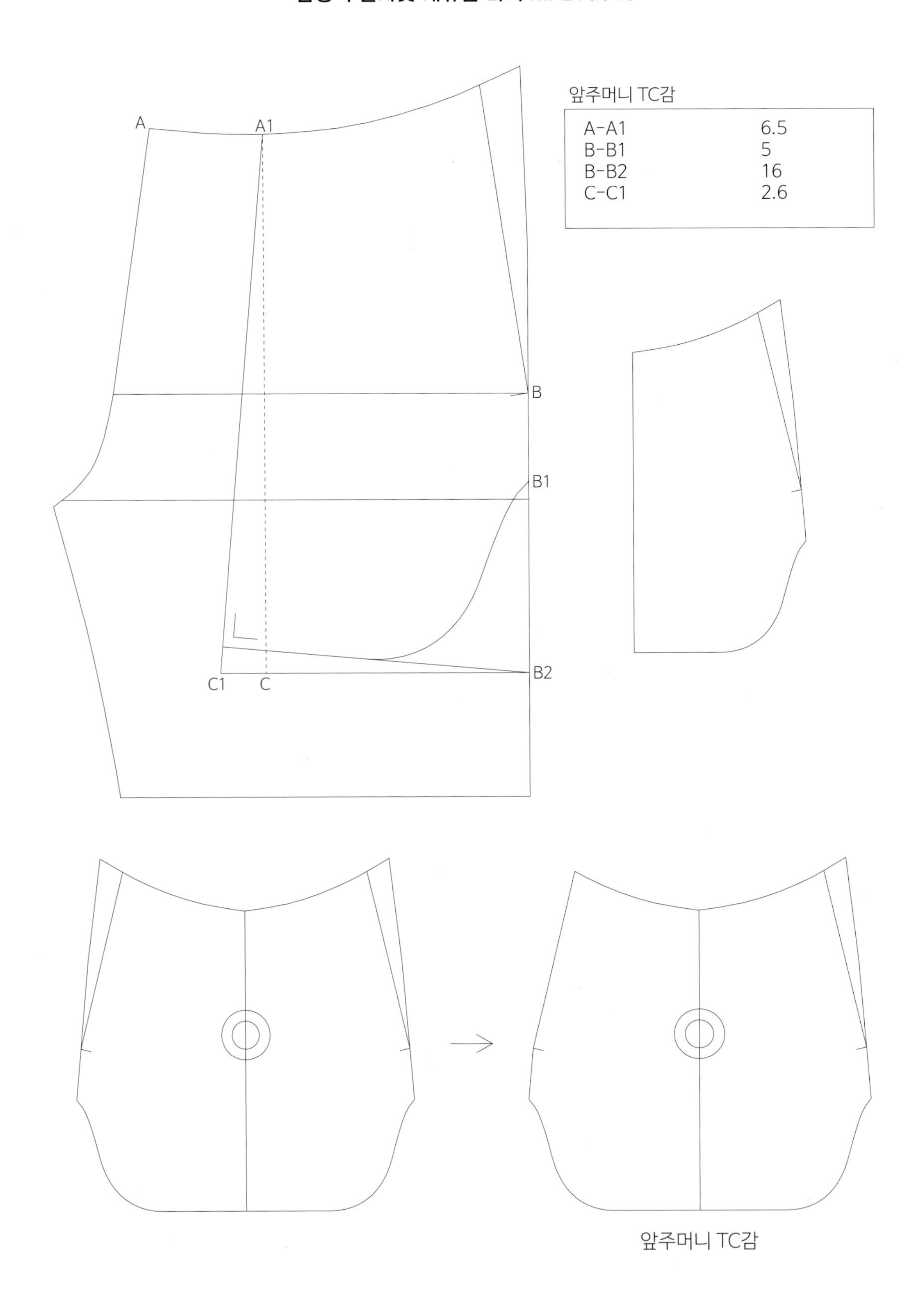
A
A1
B
B1
B2
C1
C
앞주머니 TC감
A-A1 6.5
B-B1 5
B-B2 16
C-C1 2.6
앞주머니 TC감

남성복 일자핏 캐쥬얼 바지 MP21G010

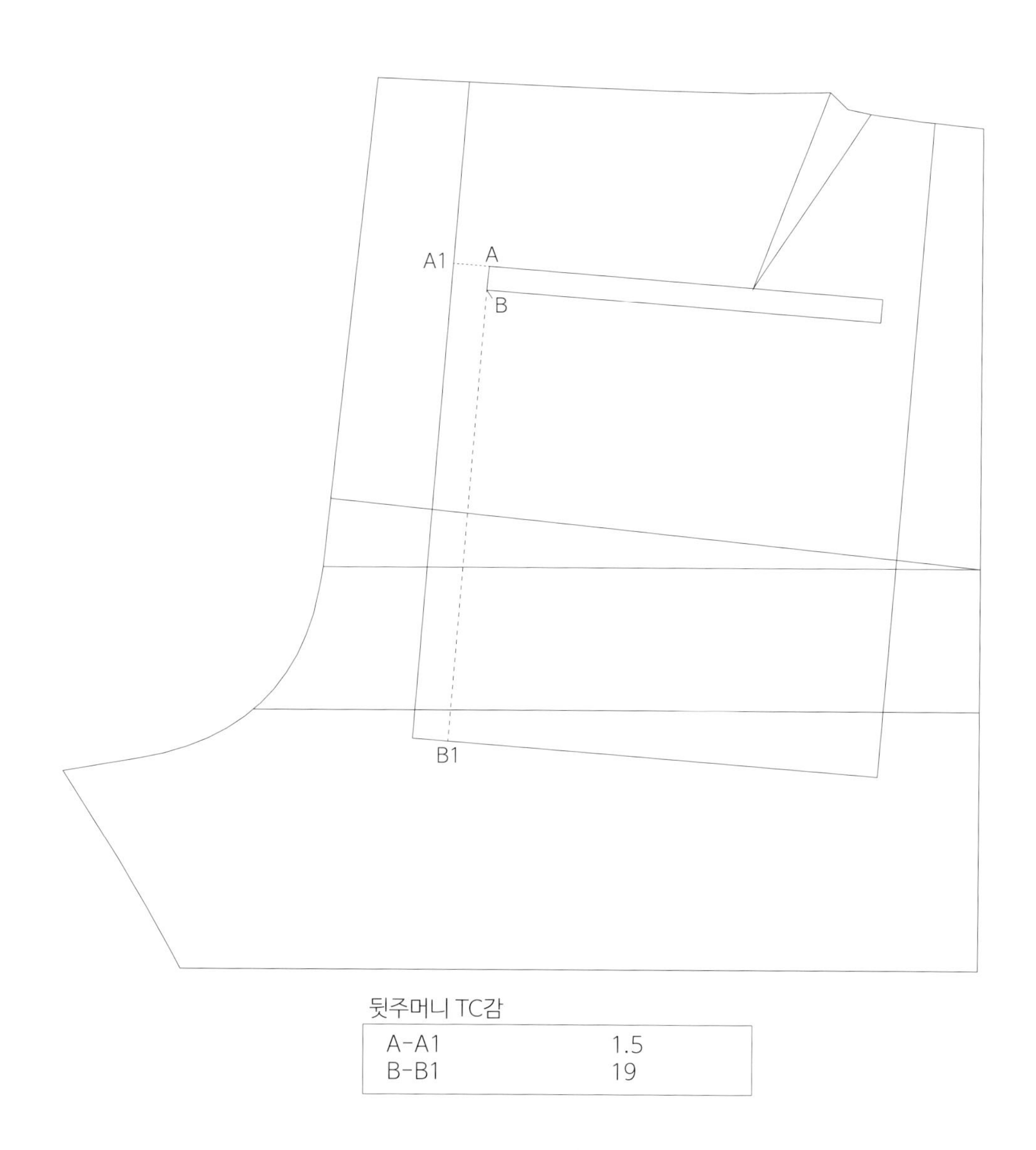

뒷주머니 TC감

A-A1	1.5
B-B1	19

1.

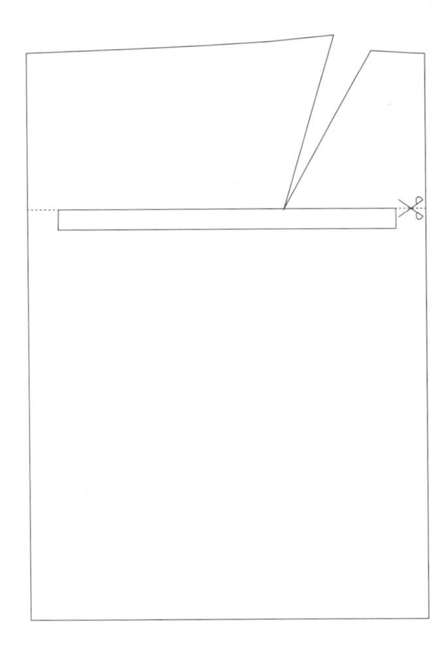

2.

양쪽으로 다트 M.P

3.

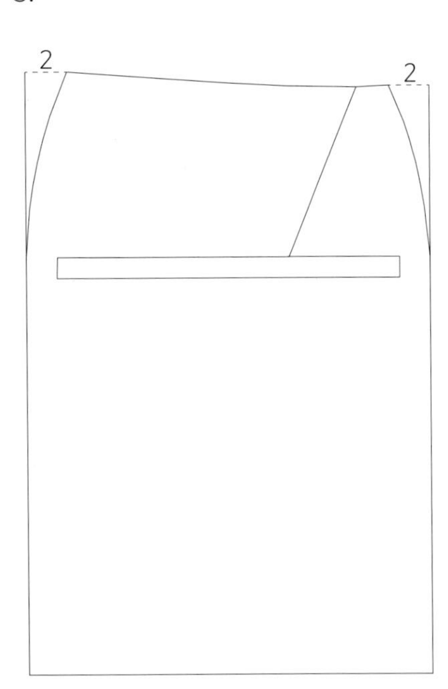

4.

뒷주머니 TC감 완성

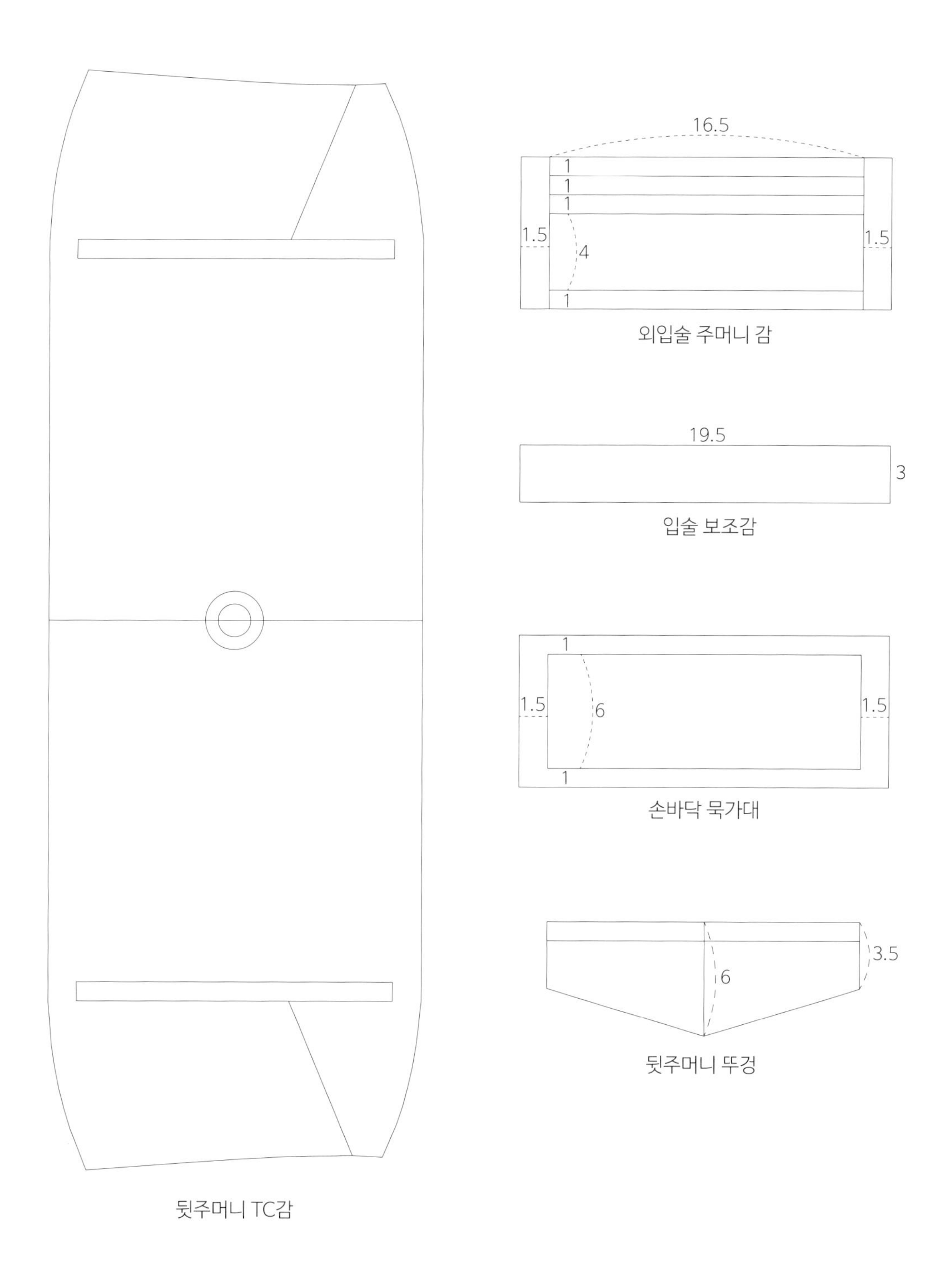
16.5
1
1
1
1.5
4
1.5
1
외입술 주머니 감
19.5
3
입술 보조감
1
1.5
6
1.5
1
손바닥 묵가대
3.5
6
뒷주머니 뚜겅
뒷주머니 TC감

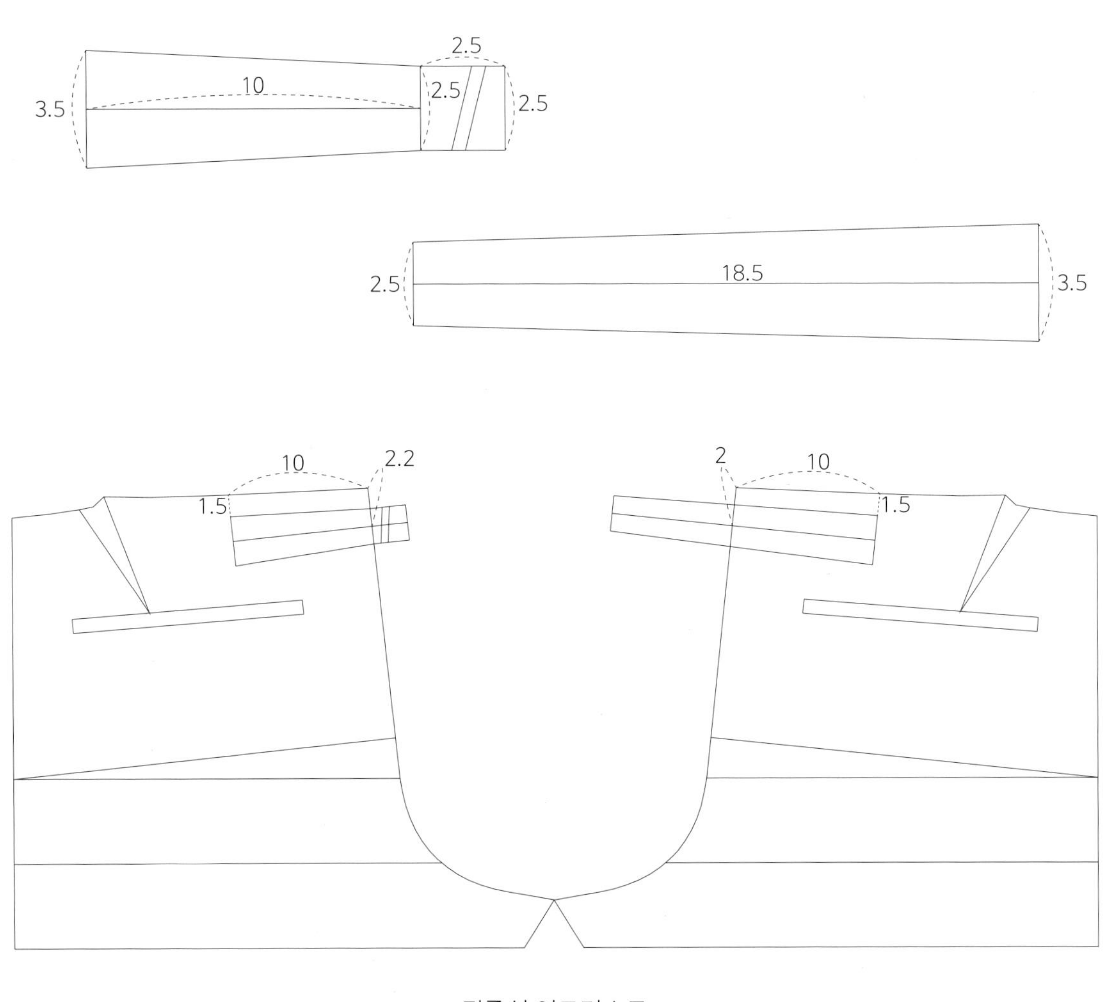

뒤중심 어드저스트

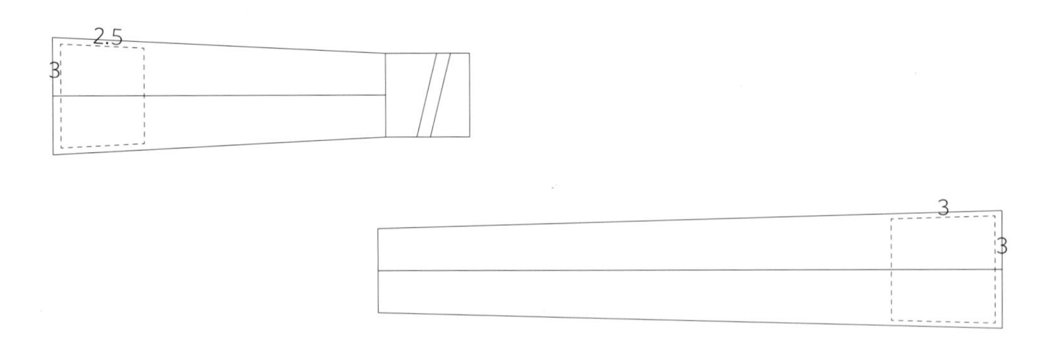

어드저스트 고정 스티치

남성복 일자핏 캐쥬얼 바지 MP21G010

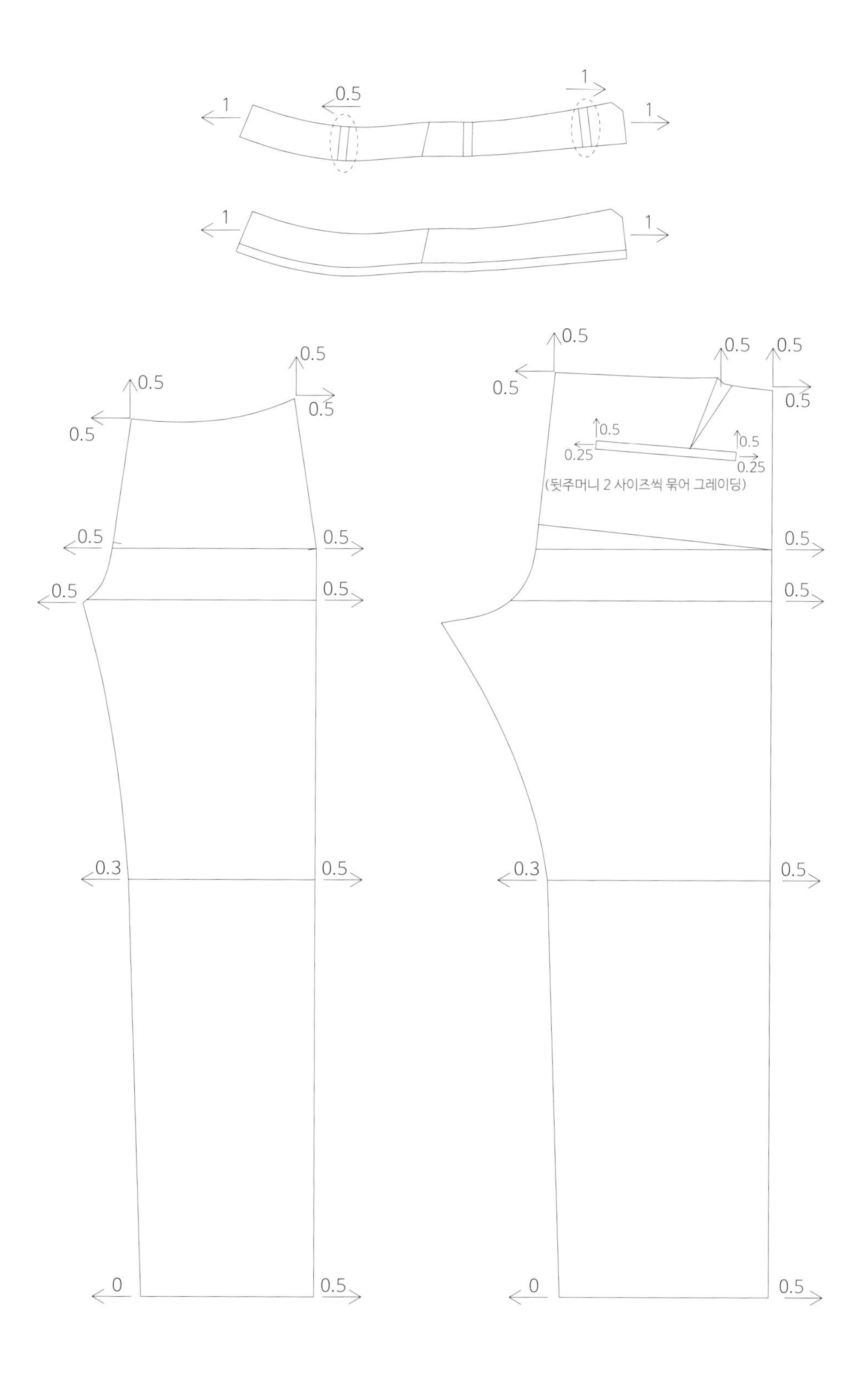

그레이딩

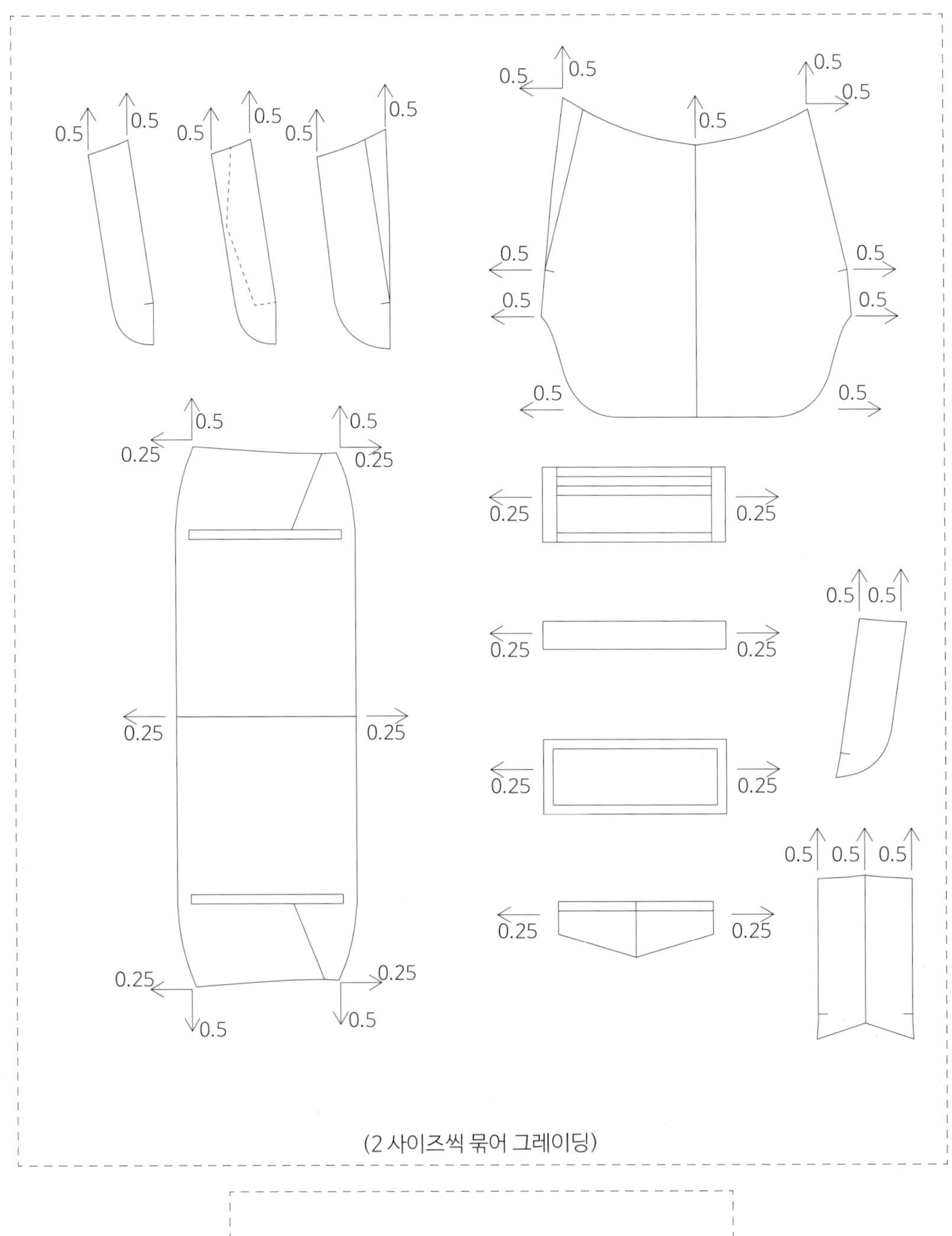
0.5
0.25
(2 사이즈씩 묶어 그레이딩)

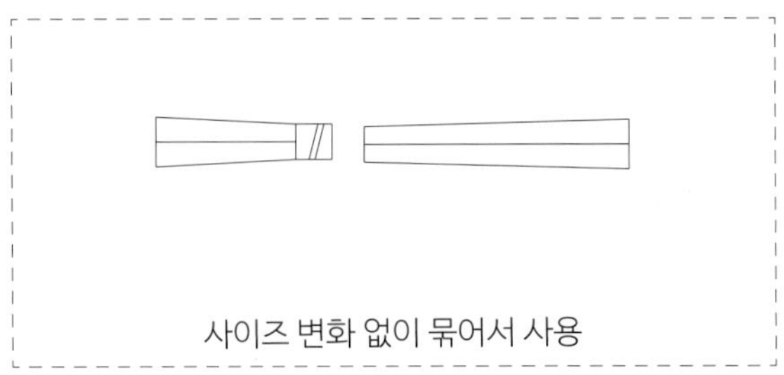
사이즈 변화 없이 묶어서 사용

그레이딩

남성복 일자핏 캐쥬얼 바지 MP21G010

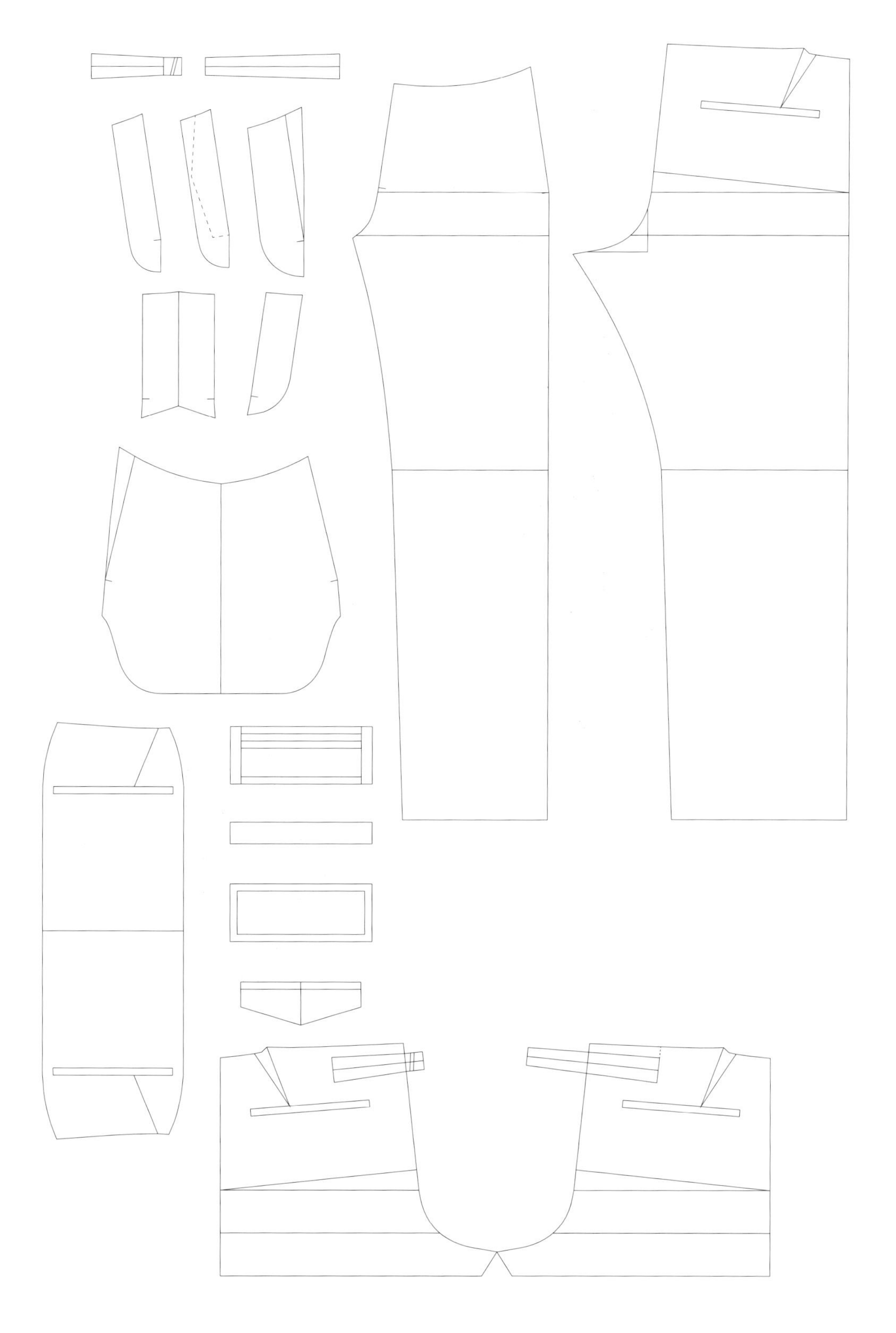

패턴 정리

남성복 일자핏 캐쥬얼 진 MP21O008

패턴사이즈 (단위:cm)	MP21O008							
허리 둘레	74.5	78.5	82.5	86.5	90.5	94.5	98.5	102.5
엉덩이 둘레	92	96	100	104	108	112	116	120
밑단 단면	20	20.5	21	21.5	22	22.5	23	23.5
총장	111	111.5	112	112.5	113	113.5	114	114.5

※ 허리둘레는 원단두께에 따라, 패턴사이즈보다 1cm~2.5cm 작아질 수 있습니다.(내외경차)

※ 인체 누드치수에서 적당한 여유가 있어야 합니다.

남성복 일자핏 캐쥬얼 진 MP210008

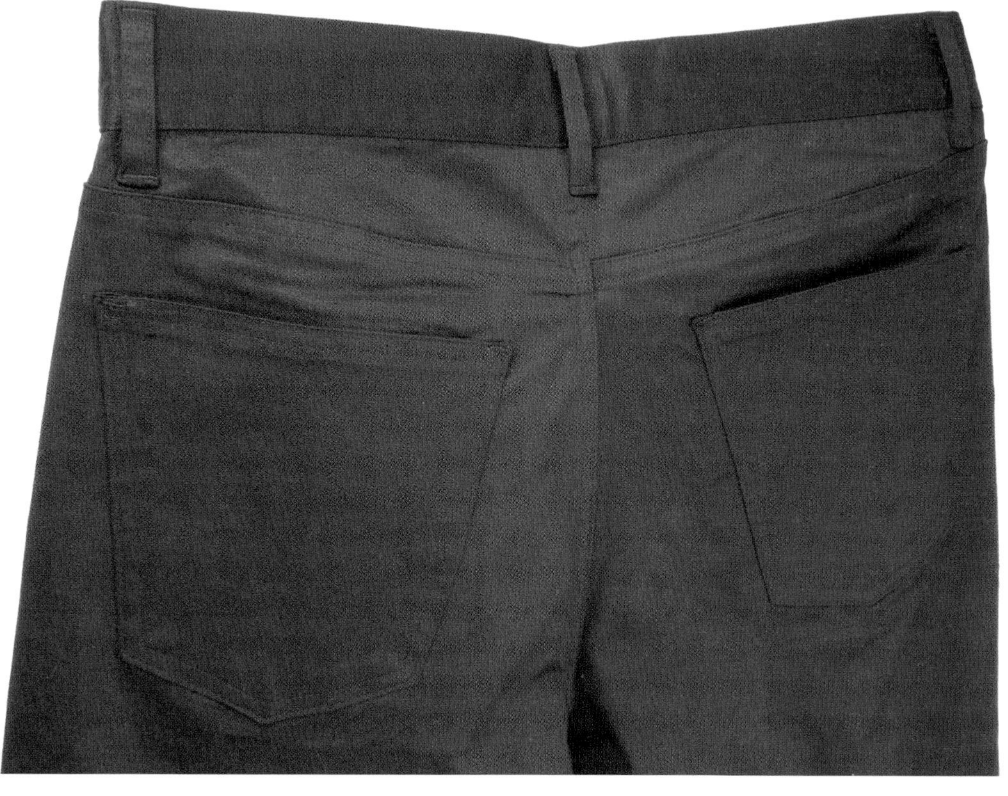

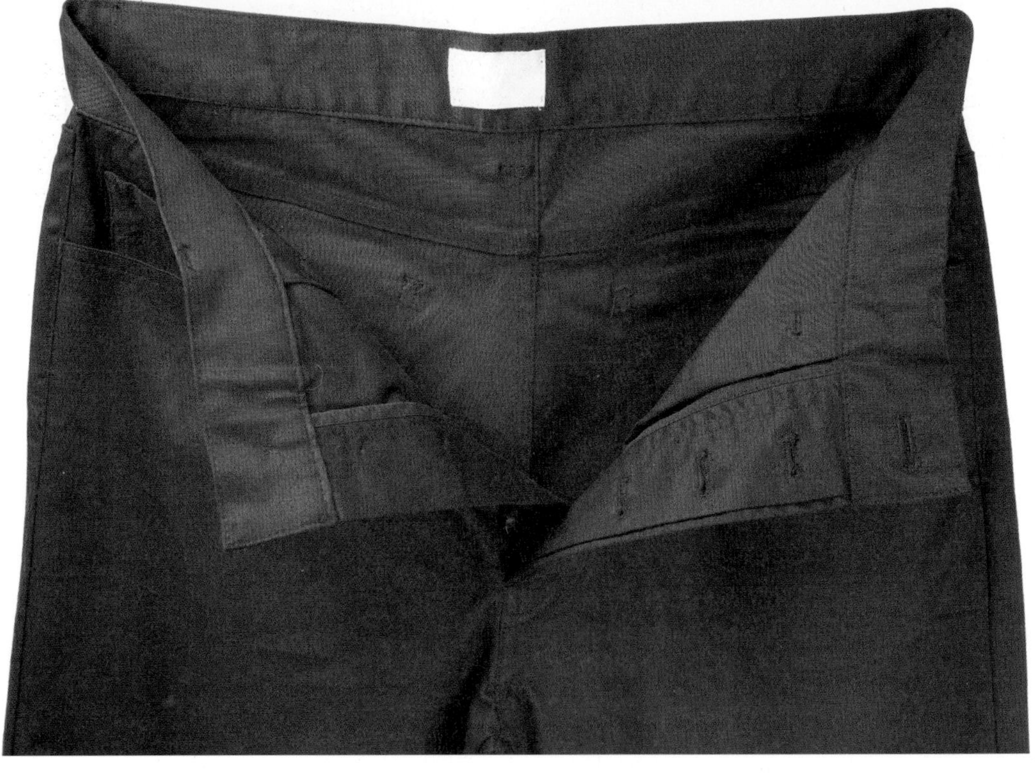

남성복 일자핏 캐쥬얼 진 MP210008

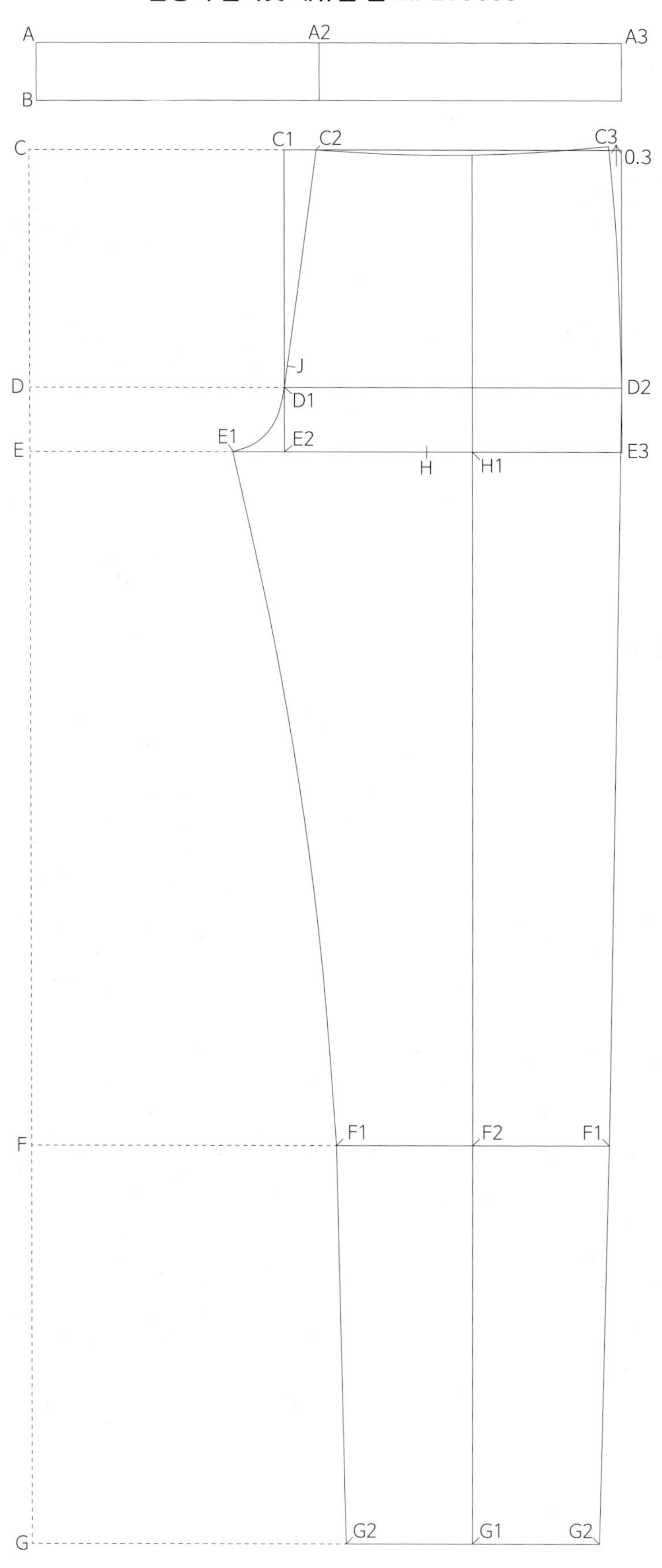

A-B	4.5	오비 폭
A-A2	22	앞허리 값
A2-A3	23.25	뒤허리 값
C-D	18.5	
D-E	5	
E-F	54	
F-G	31	
D1-D2	26	앞판 힙 값
E1-E2	4	앞 고마대 값
C1-C2	2.5	
C2-C3	22.5	앞 허리 값 22 + 이세 0.5
H	E1-E3의 중간 점	
H-H1	3.5	수직으로 위 아래로 레직기 선을 그려준다
G1-G2	9.75	앞 밑단 19.5
F1-F2	10.5	앞 무릎 21
C2-J	17	지퍼 끝

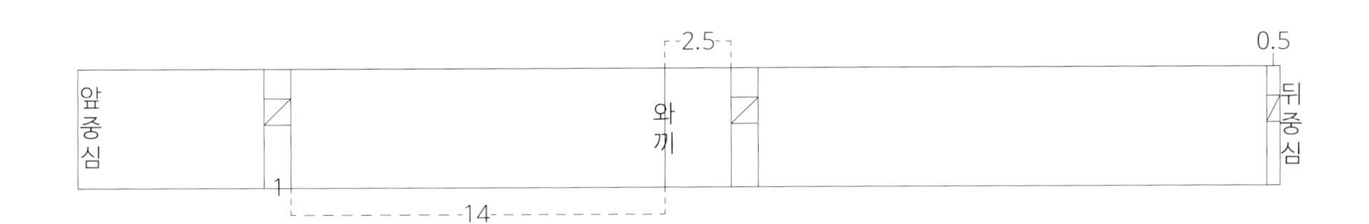

벨트 고리

남성복 일자핏 캐쥬얼 진 MP210008

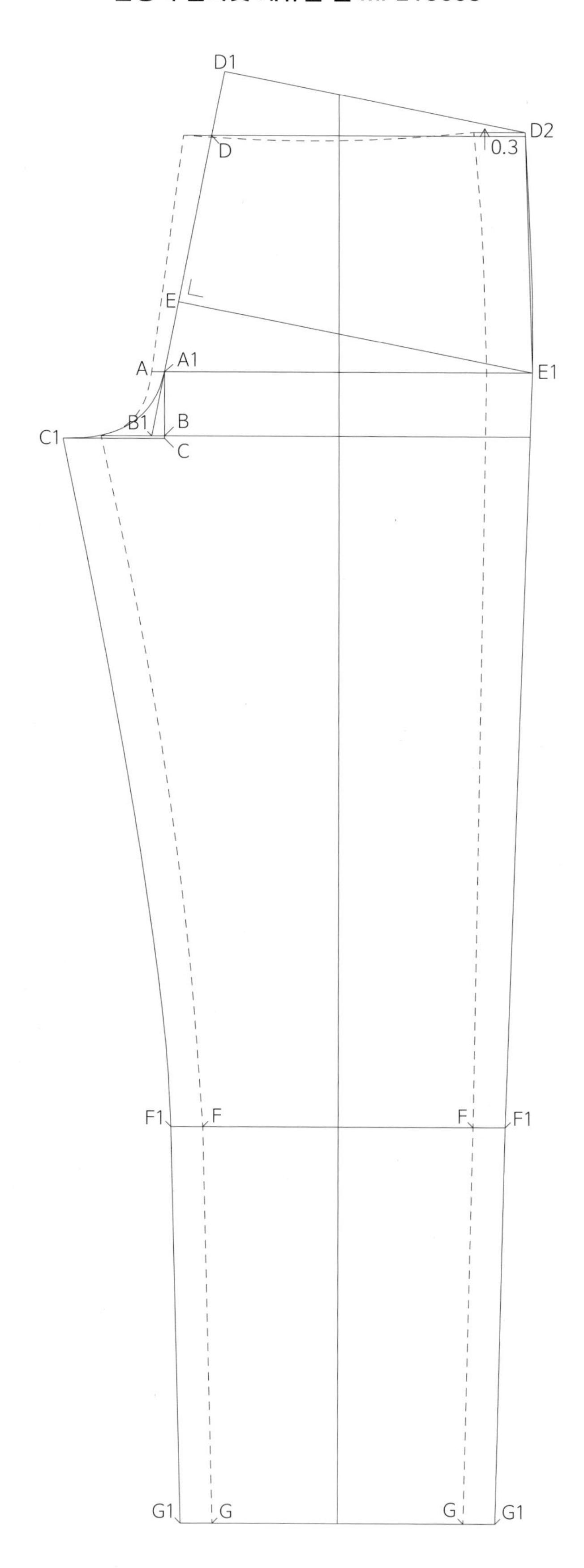

남성복 일자핏 캐쥬얼 진 MP210008

A-A1	1	
A1-B	5	
B-B1	1	수직으로 내림
B1-A1	직선 연결	뒤 중심선을 그린다
B-C	0.2	
C-C1	8	뒷 고마대 값
D-D1	5	
D1-D2	23.75	뒤 허리 값 23.25 + 이세 0.5
E-E1	28	뒤판 힙 값
G1-G, F-F1	2.5	

남성복 일자핏 캐쥬얼 진 MP210008

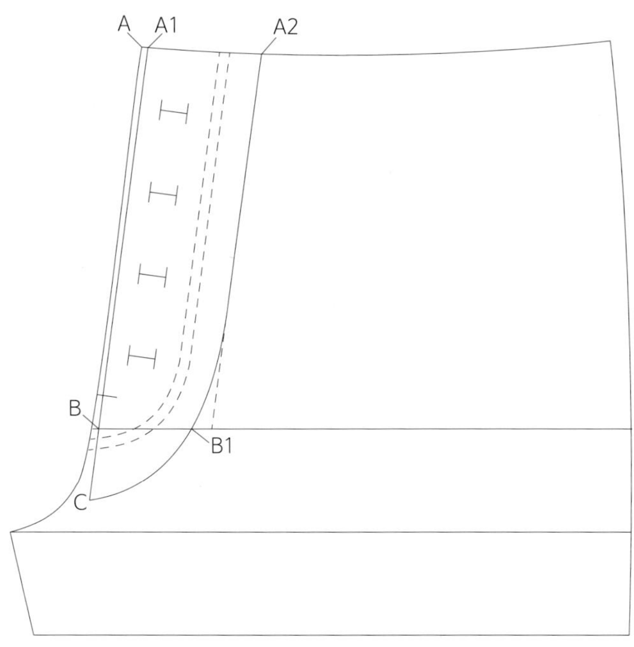

마이다데 (버튼플라이)

A-A1	0.3	앞중심에서 0.3 띄워 수평선을 그린다
A1-A2	5.5	
B-B1	4.5	
B-C	3.5	

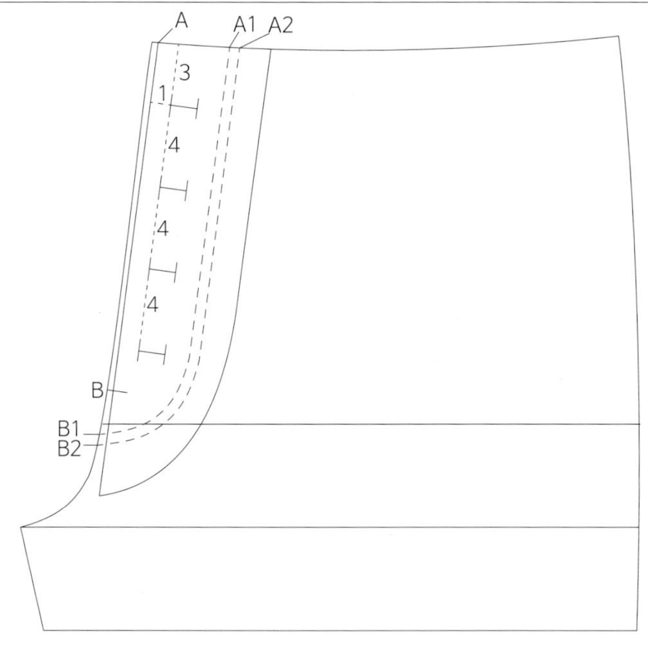

마이다데 (버튼플라이)

A-A1	3.5
A1-A2	0.5
B-B1	2
B1-B2	0.5

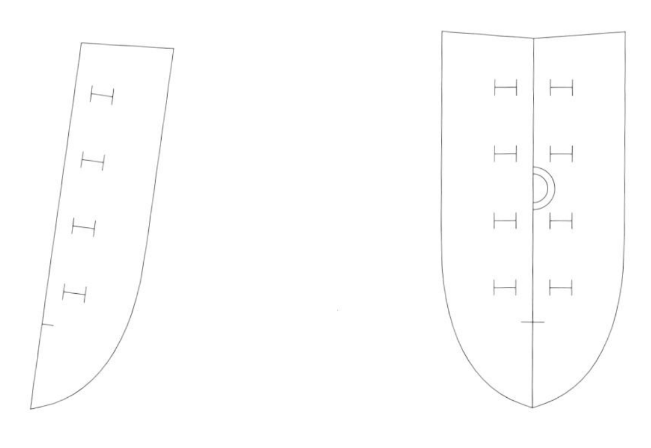

마이다데(버튼플라이)

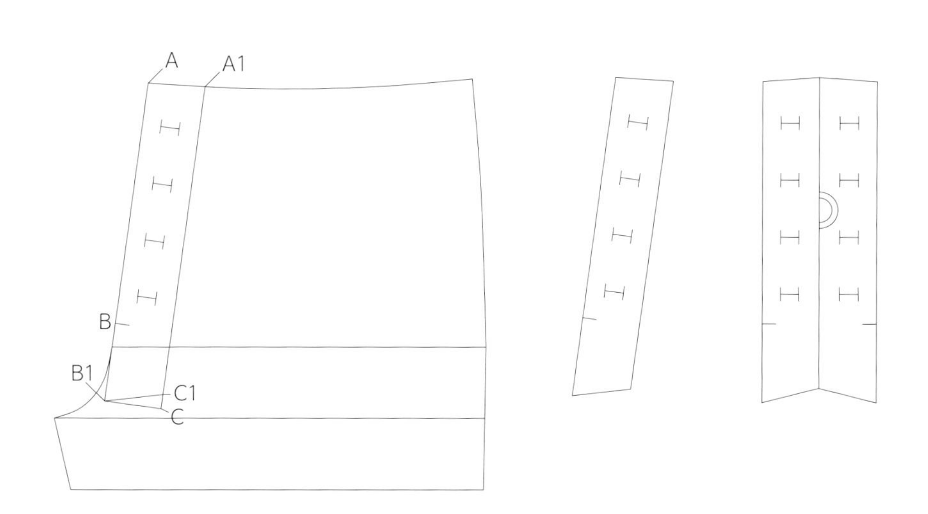

뎅고(버튼플라이)

A-A1	4
B-B1	5.5
C-C1	1

단추 위치는 마이다데 단추위치를 그대로 사용한다

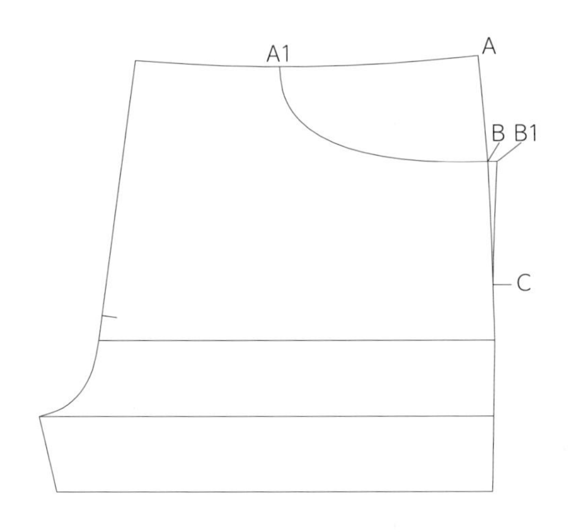

앞주머니

A-A1	13	
A-B	7	
B-B1	0.6	여유 부여
B-C	9	

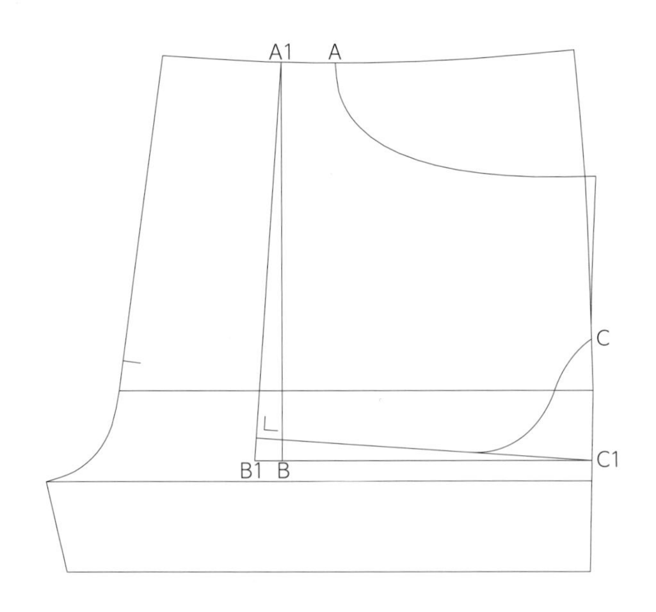

앞주머니 TC감

A-A1	3
C-C1	6.5
B-B1	1.5
C1-B	수평으로 선을 그려준다

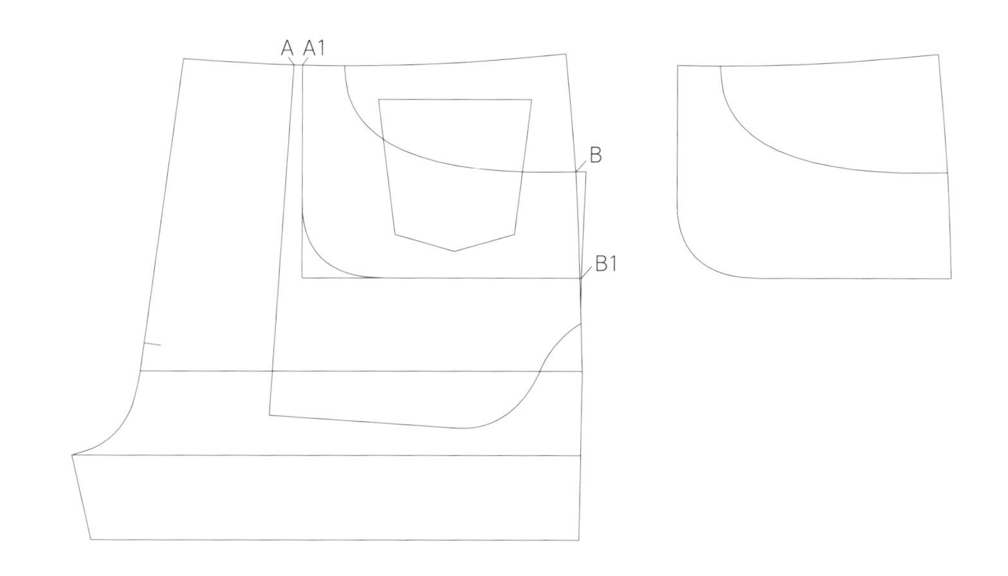

손바닥 묵가대

A-A1	0.5
B-B1	6.3

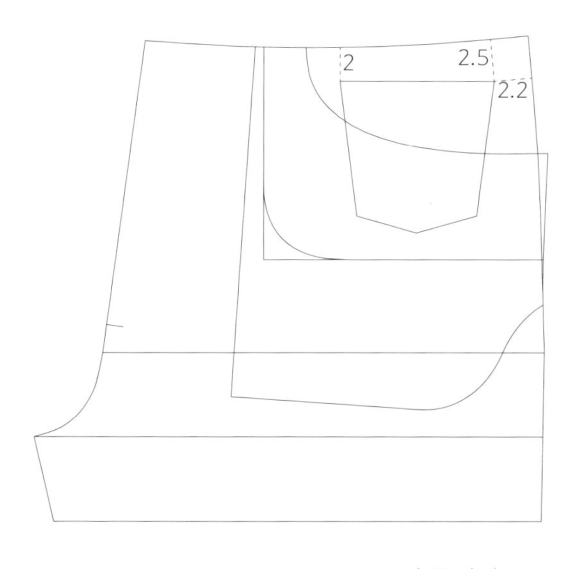

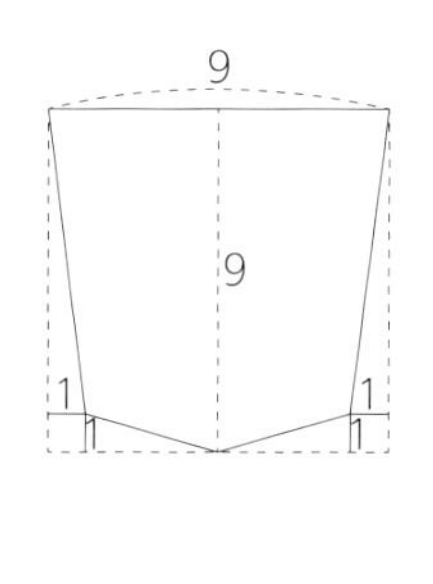

꼬마 주머니

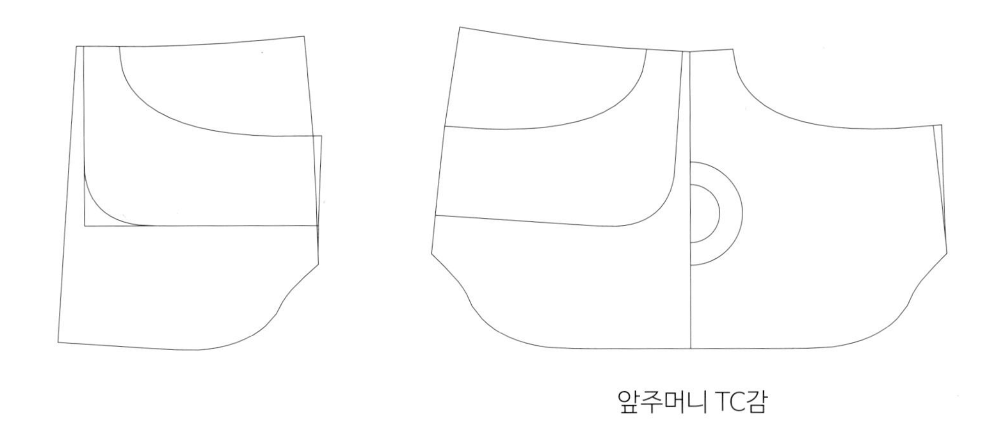

앞주머니 TC감

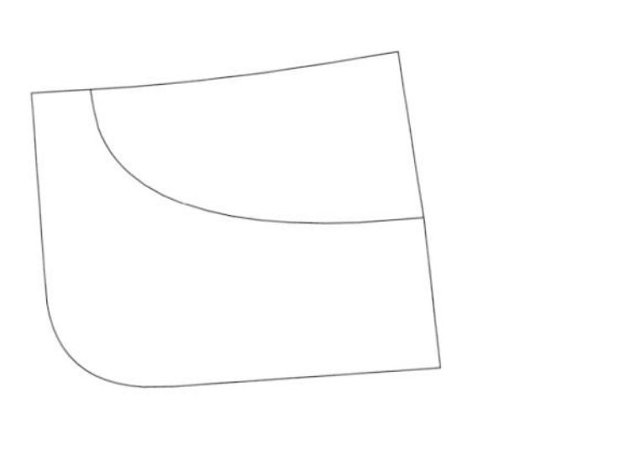

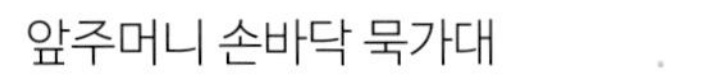

앞주머니 손바닥 묵가대

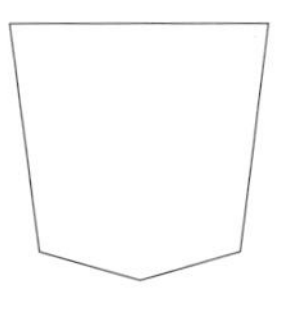

꼬마 주머니

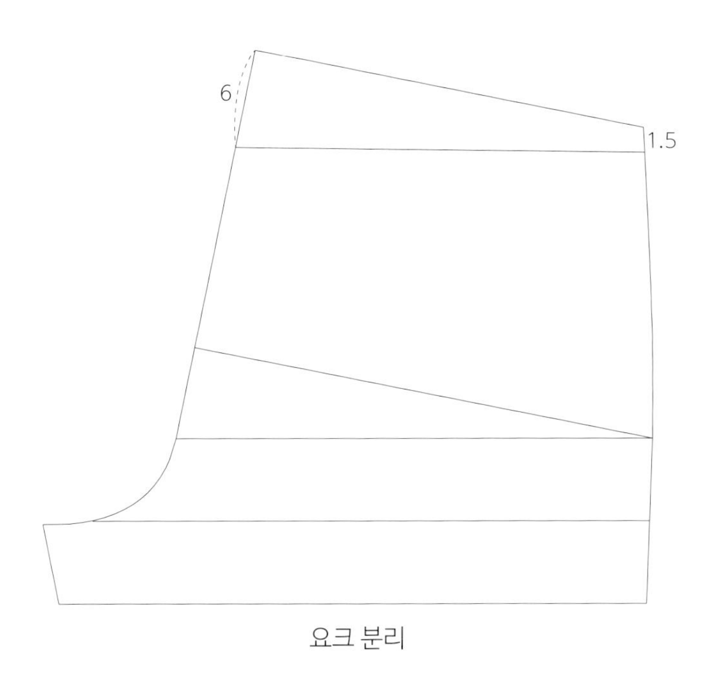

요크 분리

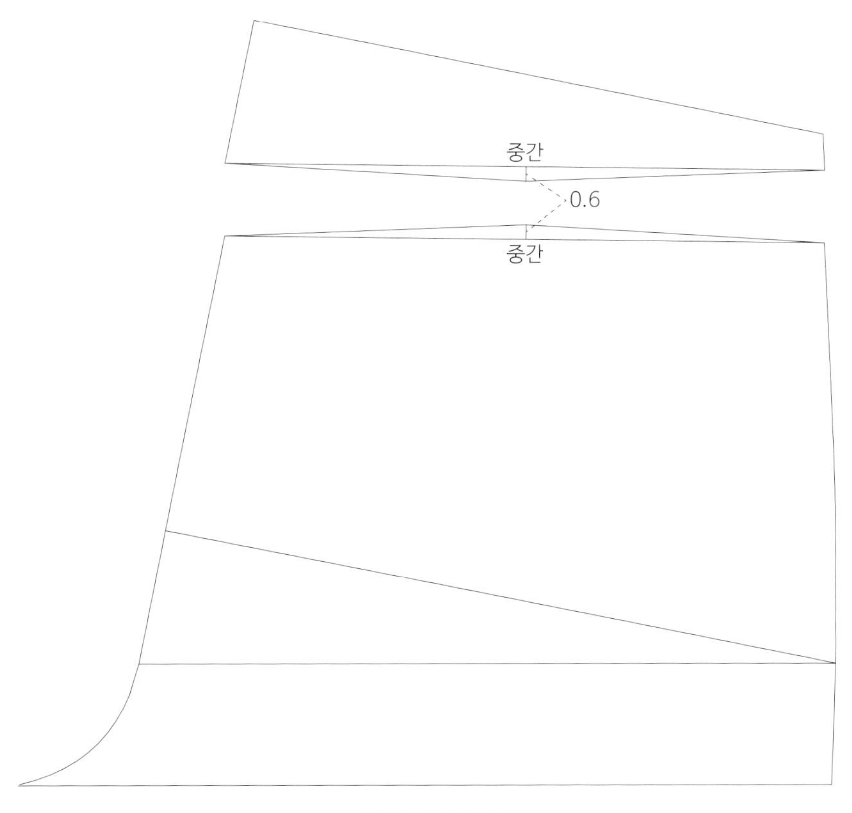

요크 입체 부여

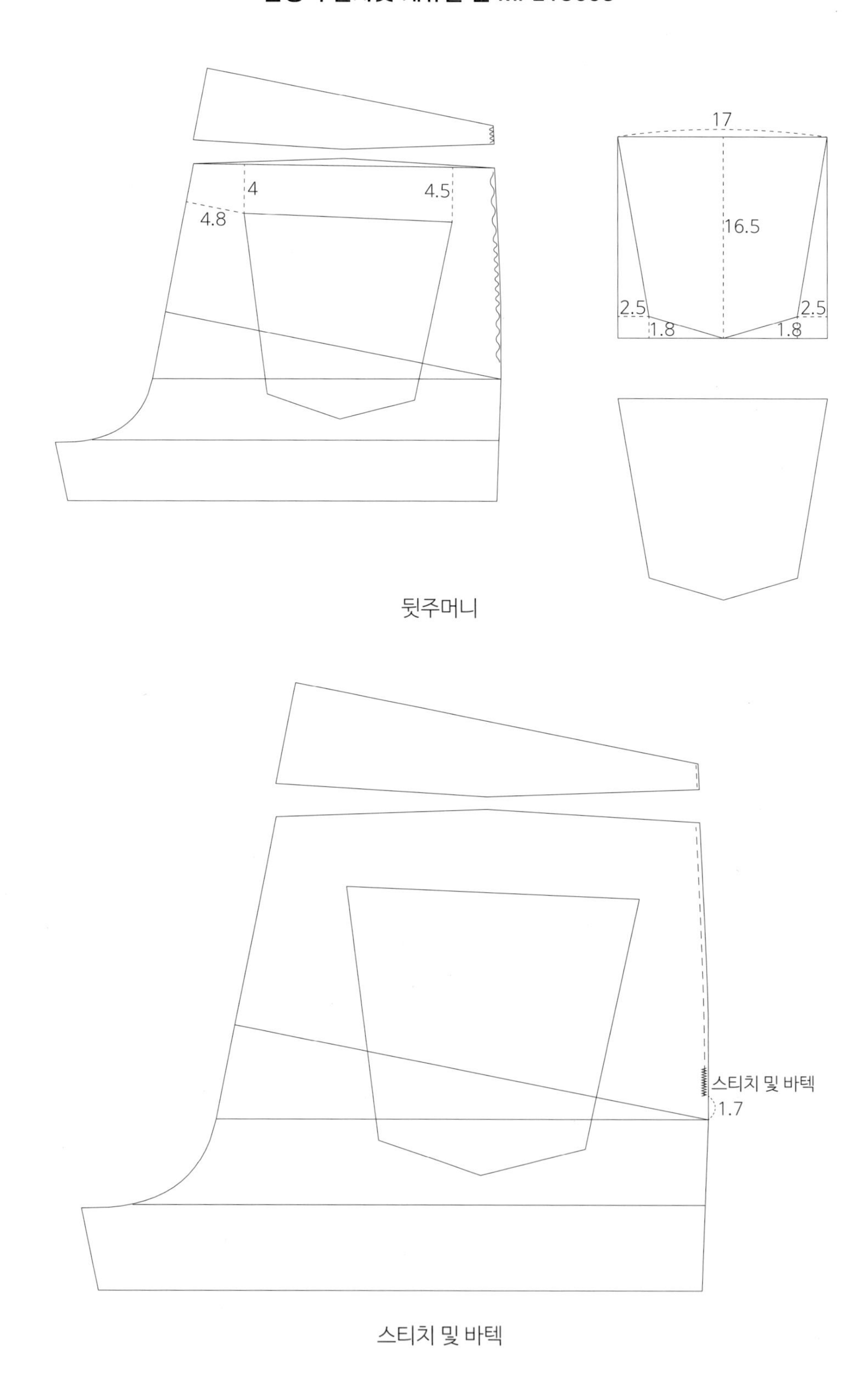

뒷주머니

스티치 및 바텍

남성복 일자핏 캐쥬얼 진 MP210008

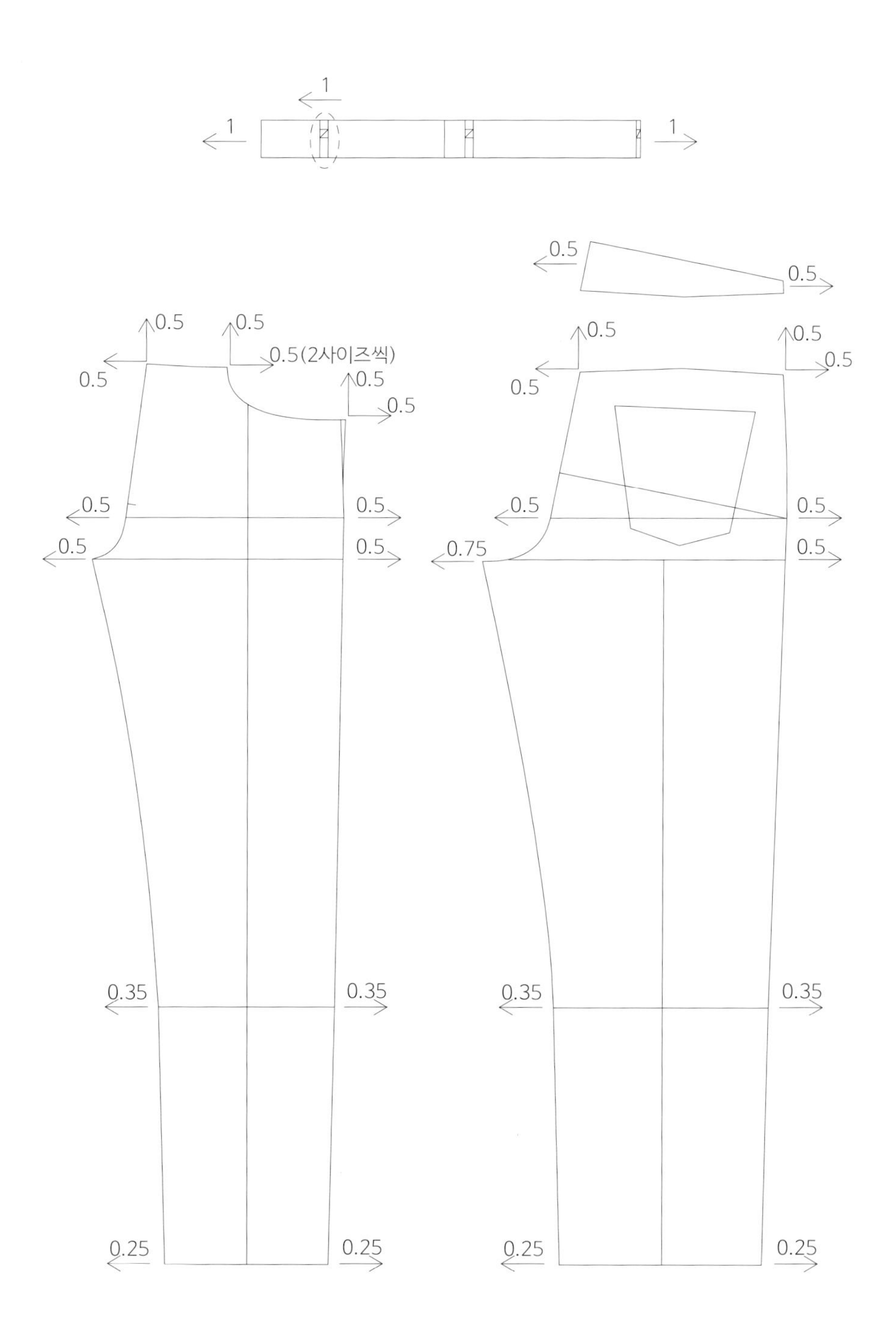

그레이딩

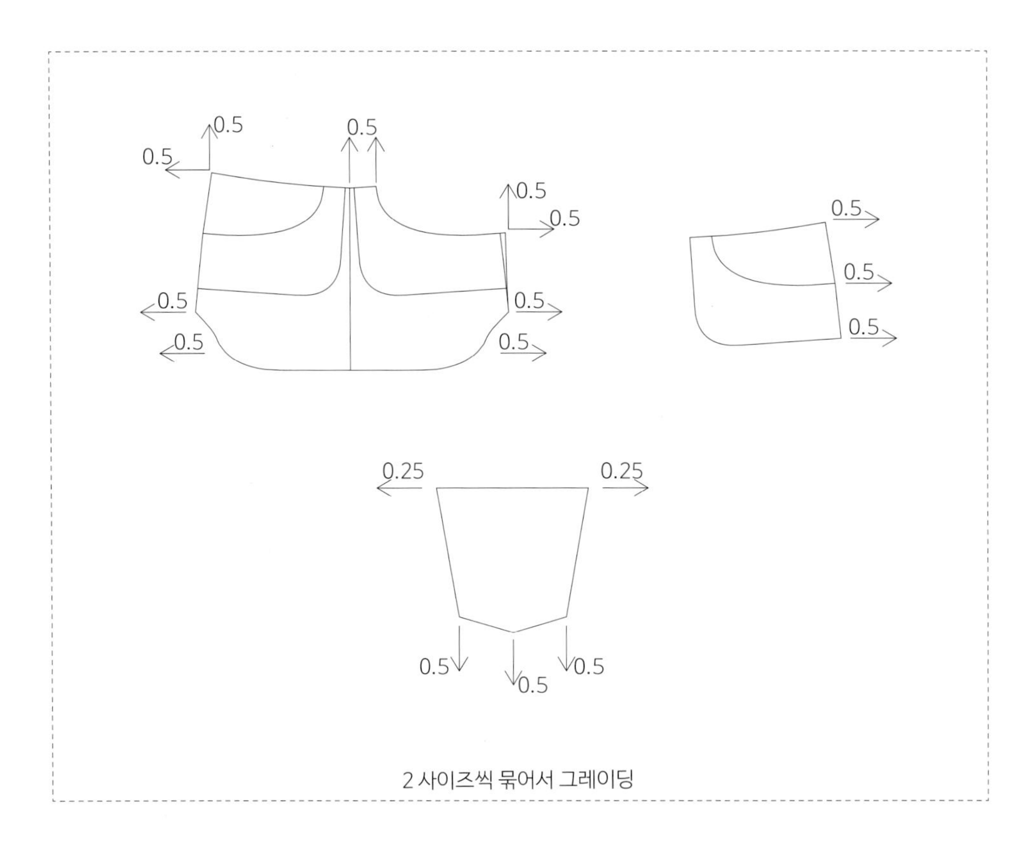
0.5
0.5
0.5
0.5
0.5
0.5
0.5
0.5
0.5
0.5
0.5
0.5
0.5
0.5
0.25
0.25
0.5
0.5
0.5
2 사이즈씩 묶어서 그레이딩

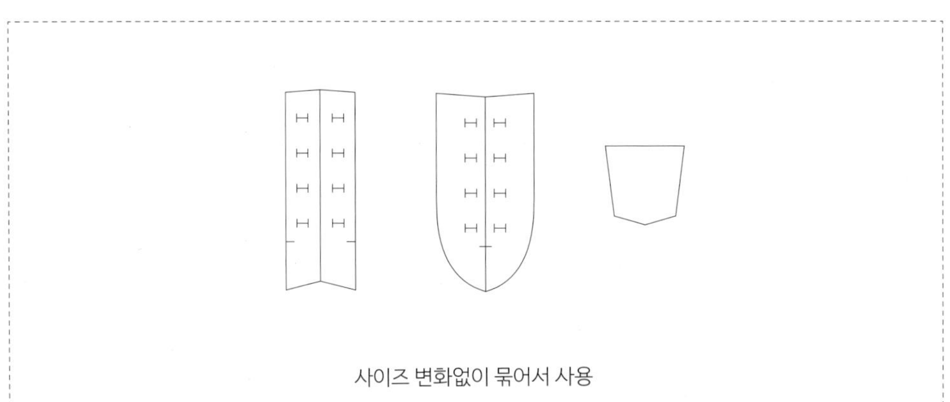
사이즈 변화없이 묶어서 사용

그레이딩

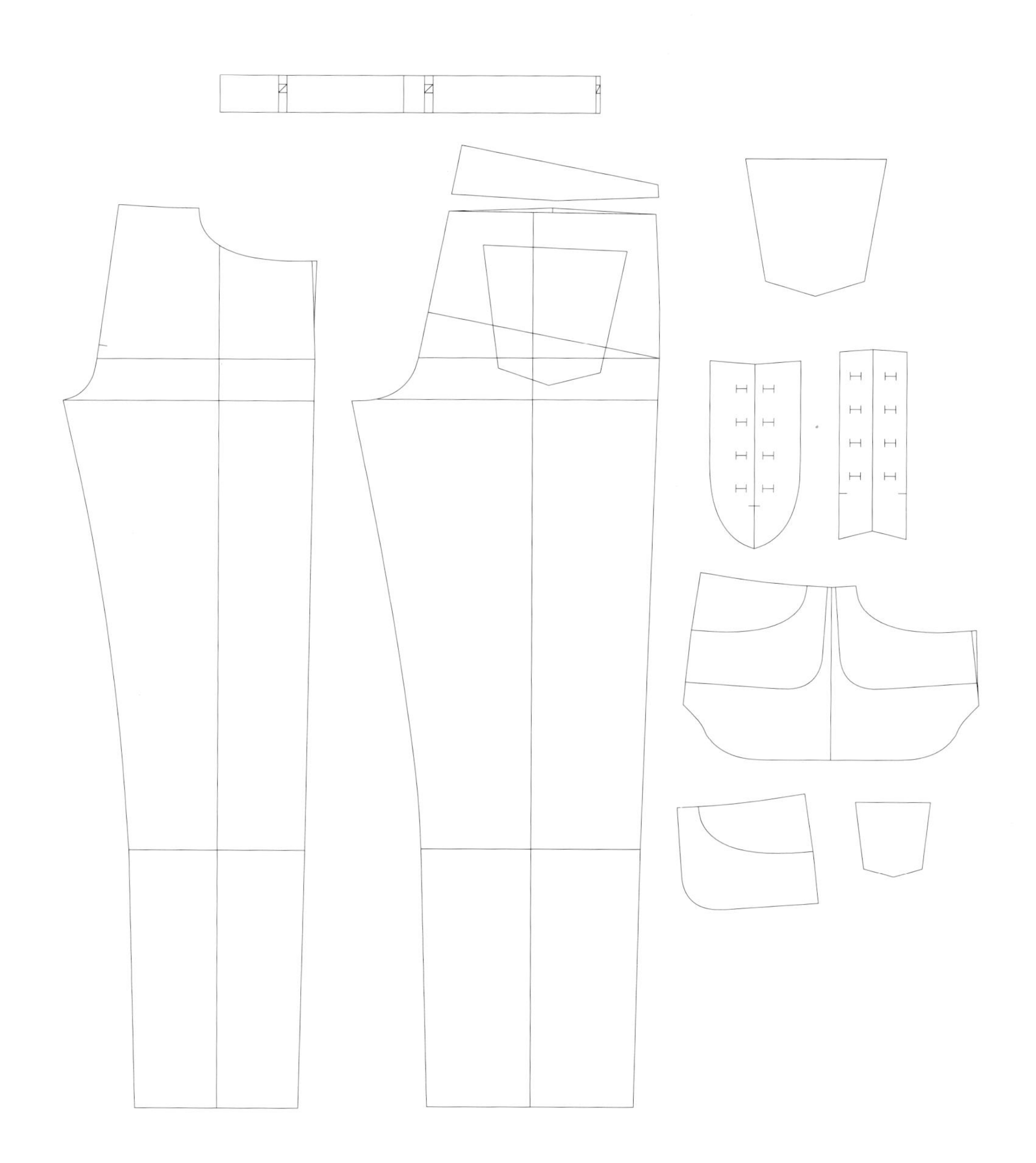

패턴 정리

남성복 무릎 주름 고딕 진 MP21B004

패턴사이즈 (단위:cm)	MP21B004							
허리 둘레	73.5	77.5	81.5	85.5	89.5	93.5	97.5	101.5
엉덩이 둘레	88	92	96	100	104	108	112	116
밑단 단면	16	16.5	17	17.5	18	18.5	19	19.5
총장	109	109.5	110	110.5	111	111.5	112	112.5

※ 바지가 휘어져 있는 디자인으로, 기장이 패턴 표기보다 짧아질 수 있습니다.

※ 허리둘레는 원단두께에 따라, 패턴사이즈보다 1cm~2.5cm 작아질 수 있습니다.(내외경차)

※ 인체 누드치수에서 적당한 여유가 있어야 합니다.

남성복 무릎 주름 고딕 진 MP21B004

남성복 무릎 주름 고딕 진 MP21B004

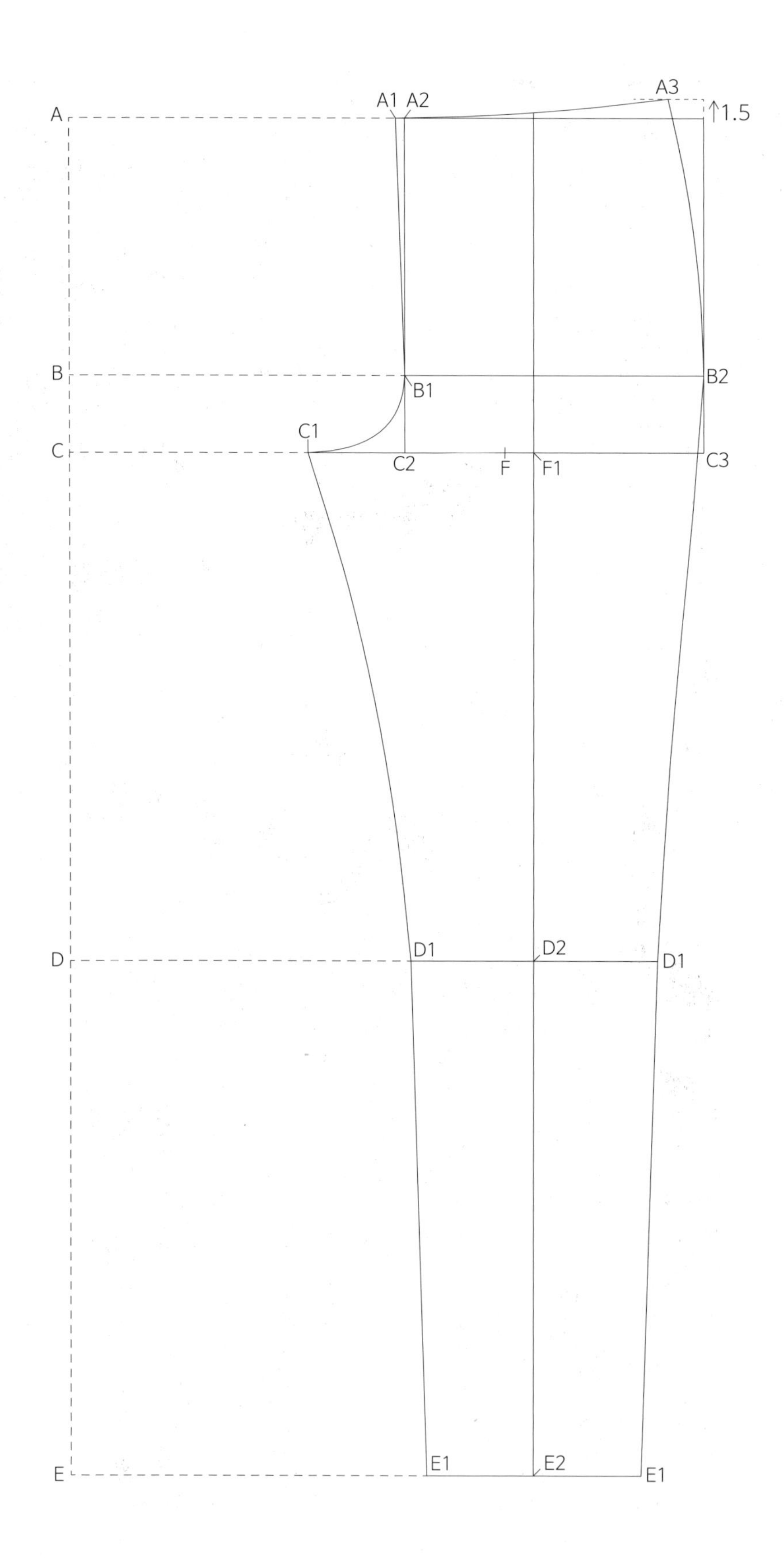

남성복 무릎 주름 고딕 진 MP21B004

A-B	20	힙 길이
B-C	6	밑위
C-D	39.5	무릎
D-E	40	
B1-B2	23	앞판 힙 값
C1-C2	7.5	앞 고마대 값
A1-A2	0.7	B1에서 수직으로 올라온 A2에서 왼쪽으로 0.7
A1-A3	21	앞 허리 값
F	C1-C3 중간 점	
F-F1	2.2	F1에서 위아래 수직으로 레직기 선을 그려준다
D1-D2	9.5	
E1-E2	8.25	

남성복 무릎 주름 고딕 진 MP21B004

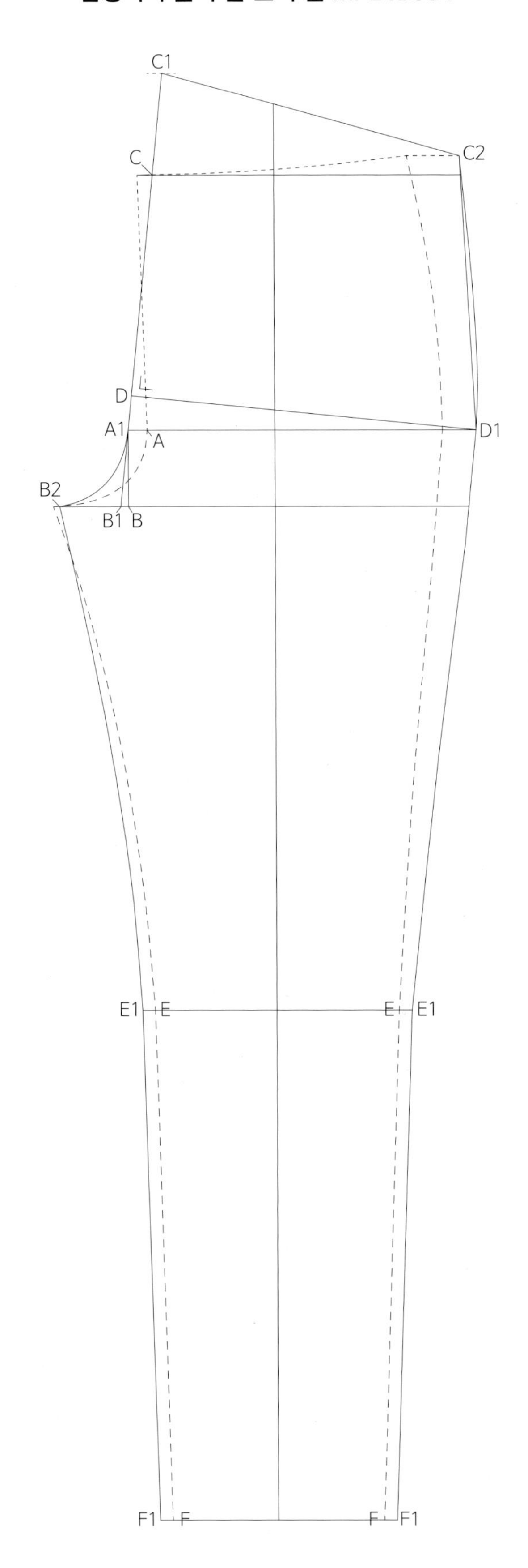

남성복 무릎 주름 고딕 진 MP21B004

A-A1	1.5	
A1-B	6	수직으로 내림
B-B1	0.6	
B1-A1	직선 연결	뒤 중심선을 그린다
C-C1	8	
B-B2	7	
C1-C2	24	22(뒤허리) + 2(다트)
D-D1	27	뒤판 힙 값
E-E1	1	
F-F1	1	

남성복 무릎 주름 고딕 진 MP21B004

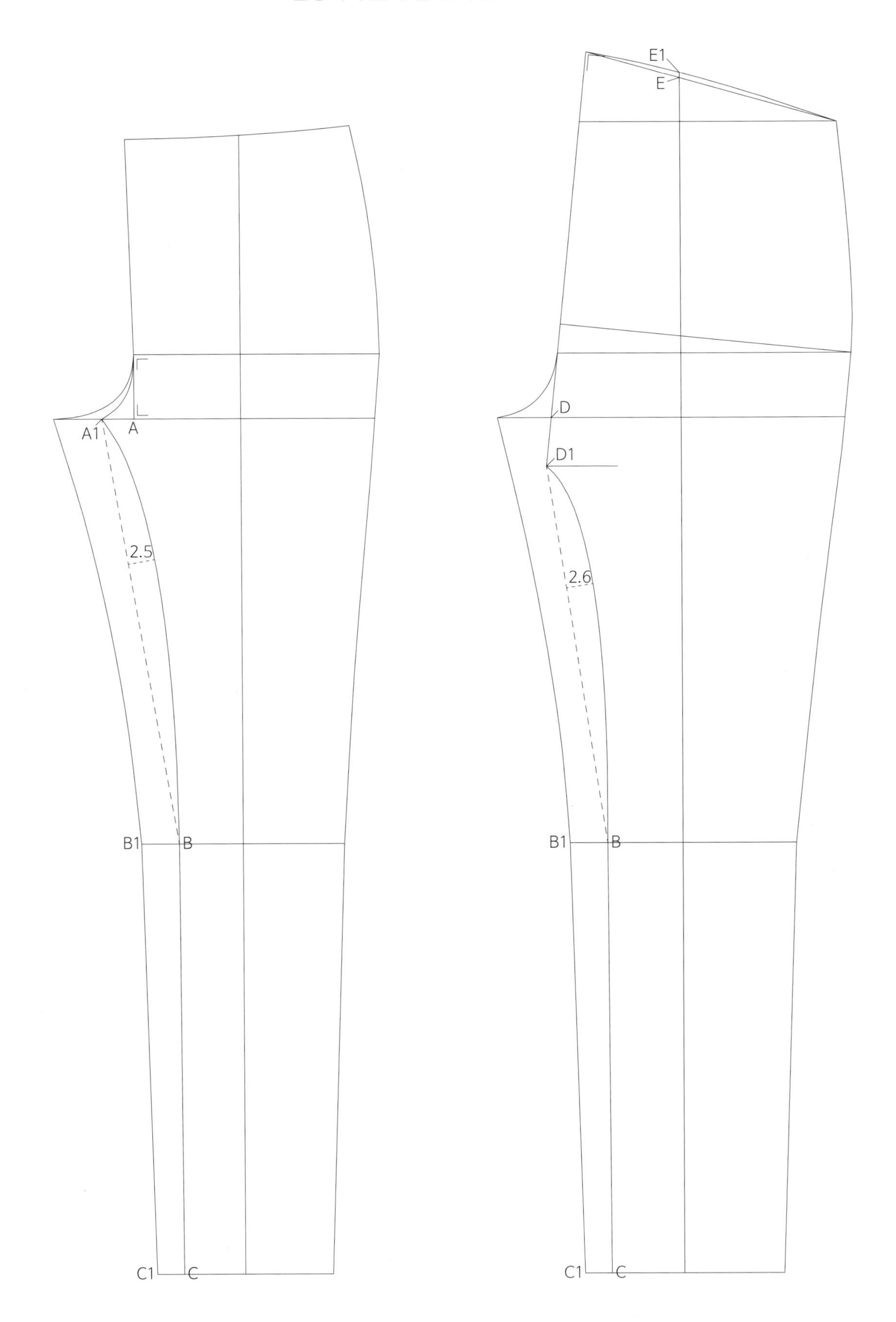

A-A1	3	
B-B1	3.5	
C-C1	2.5	
D-D1	4.5	뒤 중심선을 연장하여 내린다
E-E1	0.5	뒤 허리선을 0.5 볼록하게 그려준다

인심에 무를 만들어 준다

남성복 무릎 주름 고딕 진 MP21B004

남성복 무릎 주름 고딕 진 MP21B004

A-B	4.5	오비 폭
C-C1	4.5	오비 폭
G-E	14.5	
D-F	14.5	다트 중심선을 그린다
E-E1	1	뒤 다트 2
D-D1	2.2	
C1-C2	10	

옆 허리 선을 자연스럽게 굴려준다

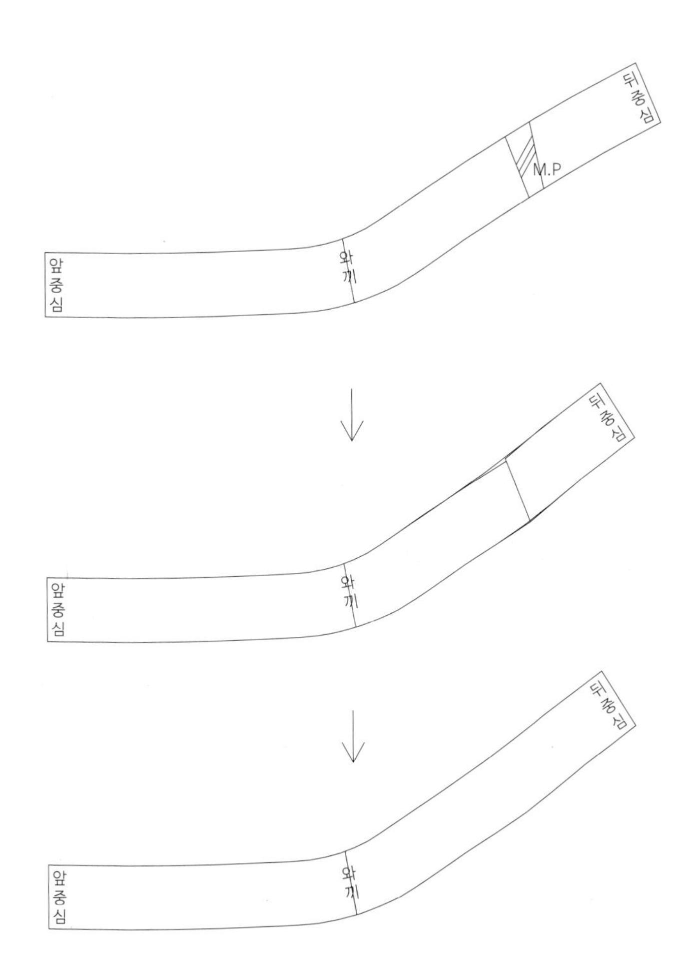

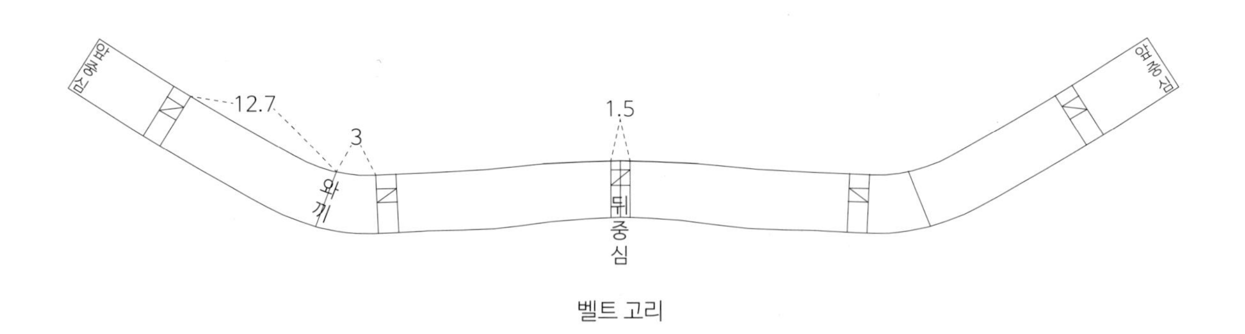

벨트 고리

오비 정리

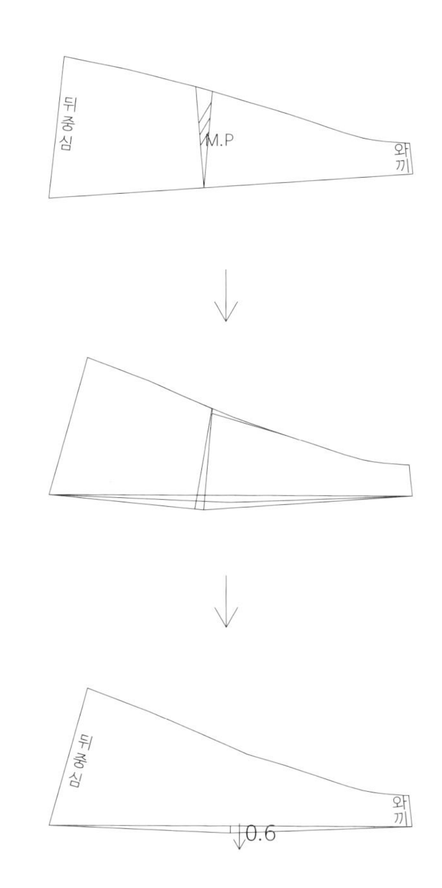
뒤중심
M.P
와끼
뒤중심
와끼
0.6

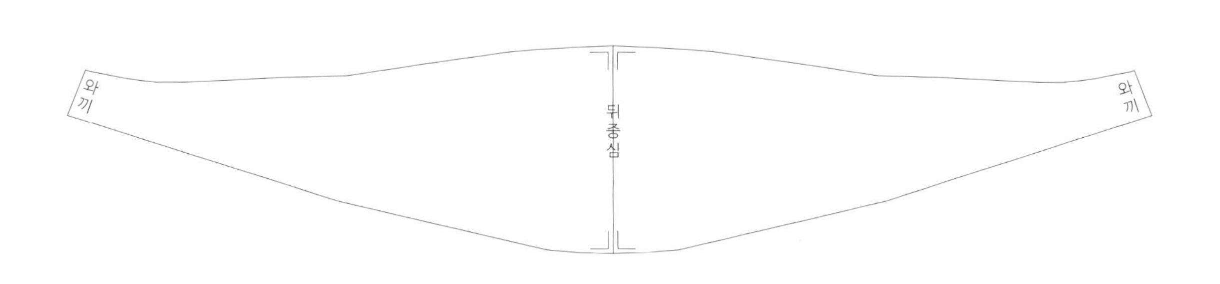
와끼
뒤중심
와끼

요크 정리

남성복 무릎 주름 고딕 진 MP21B004

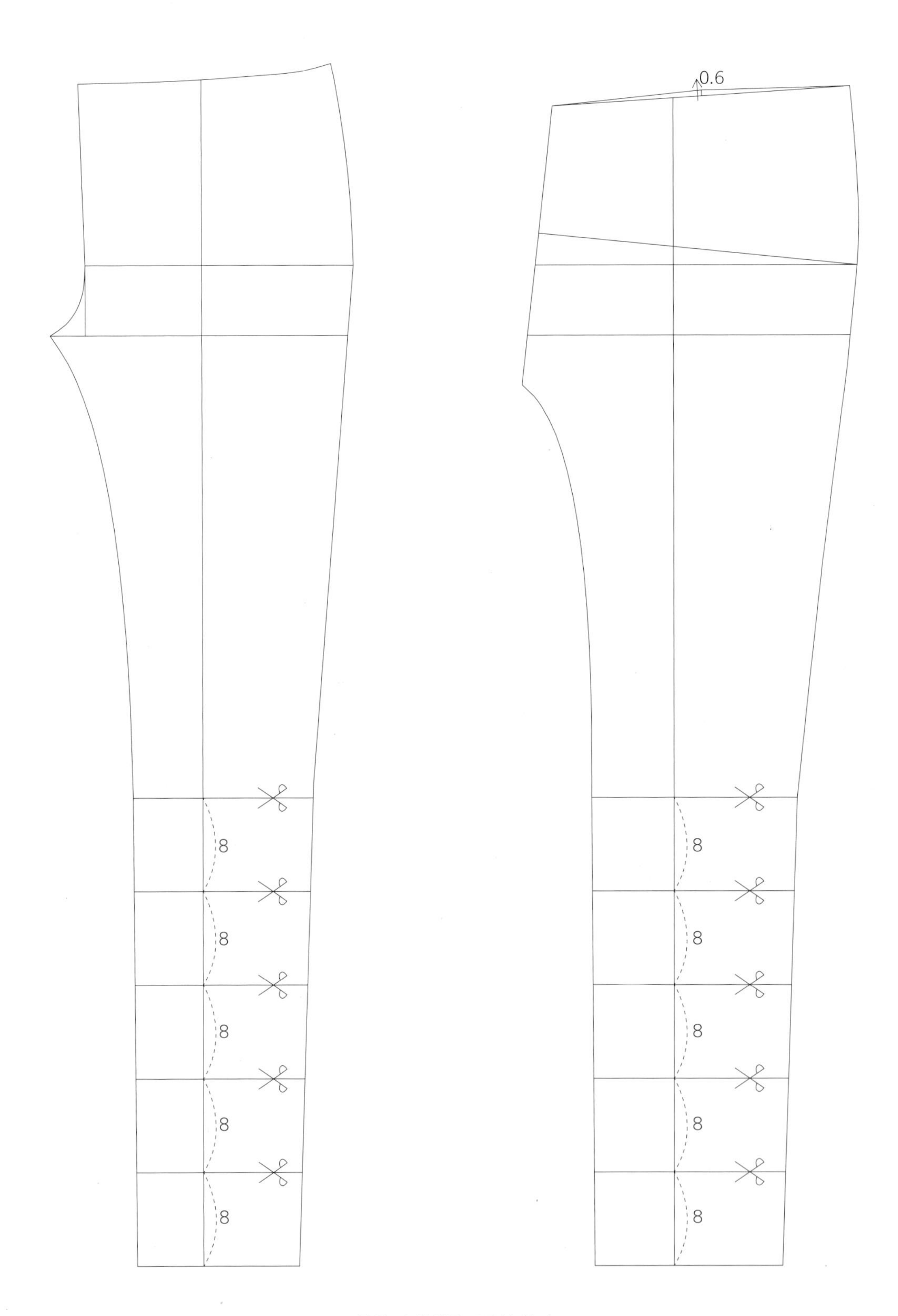

무릎 아래 선을 5등분 한다

남성복 무릎 주름 고딕 진 MP21B004

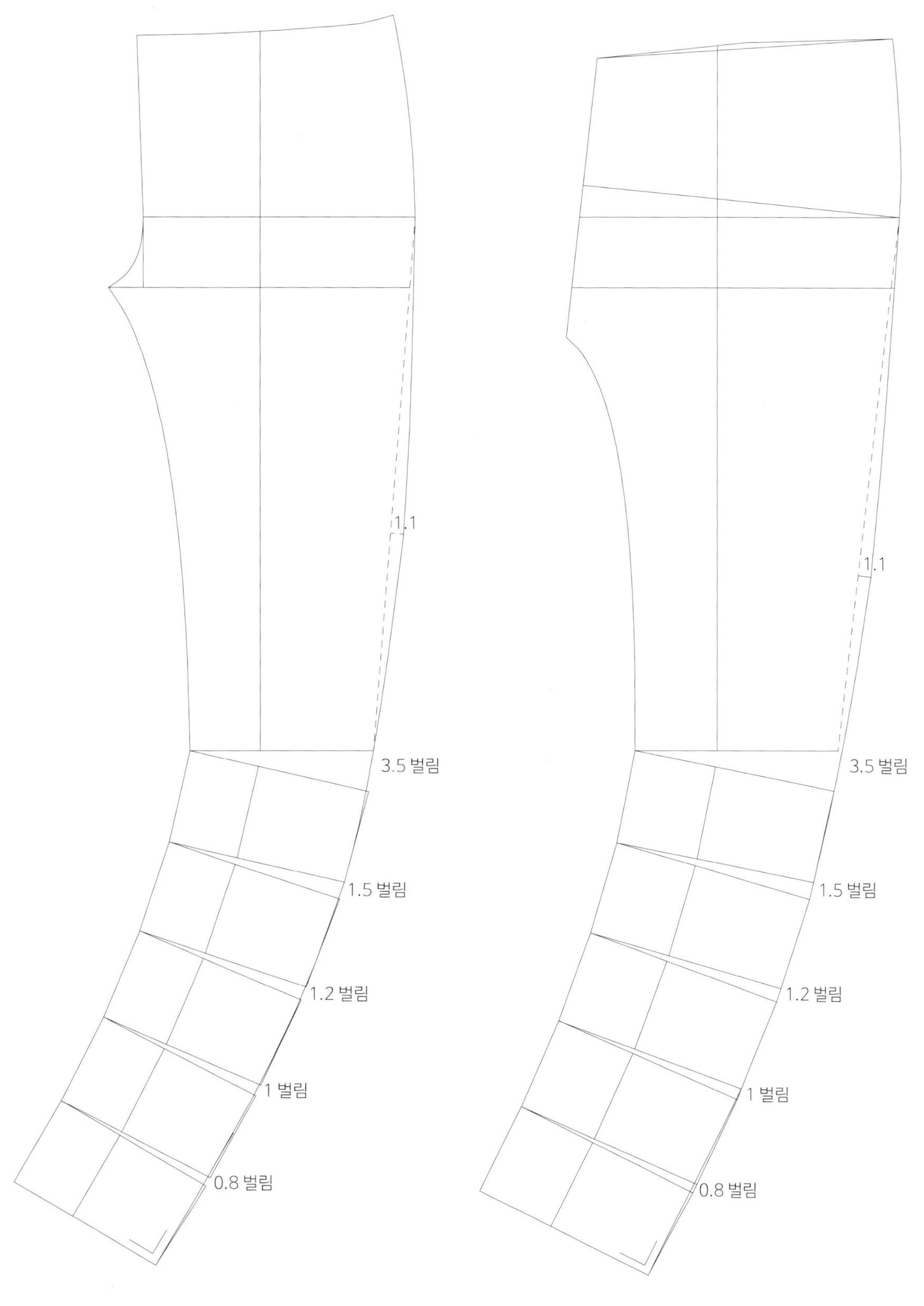

등분한 선을 벌려준고 인심과 옆선을 자연스럽게 굴려준다

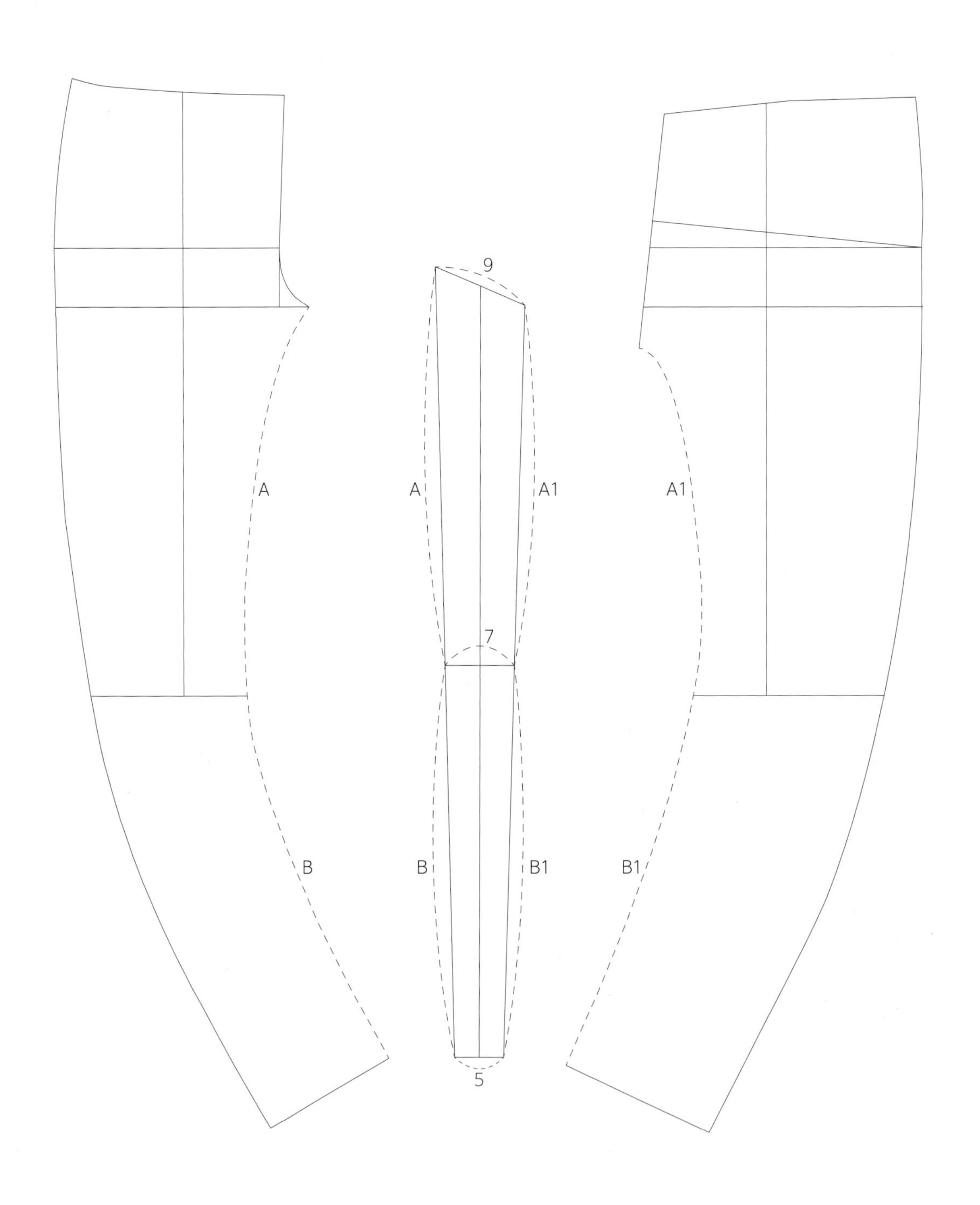

무를 만들어준다

남성복 무릎 주름 고딕 진 MP21B004

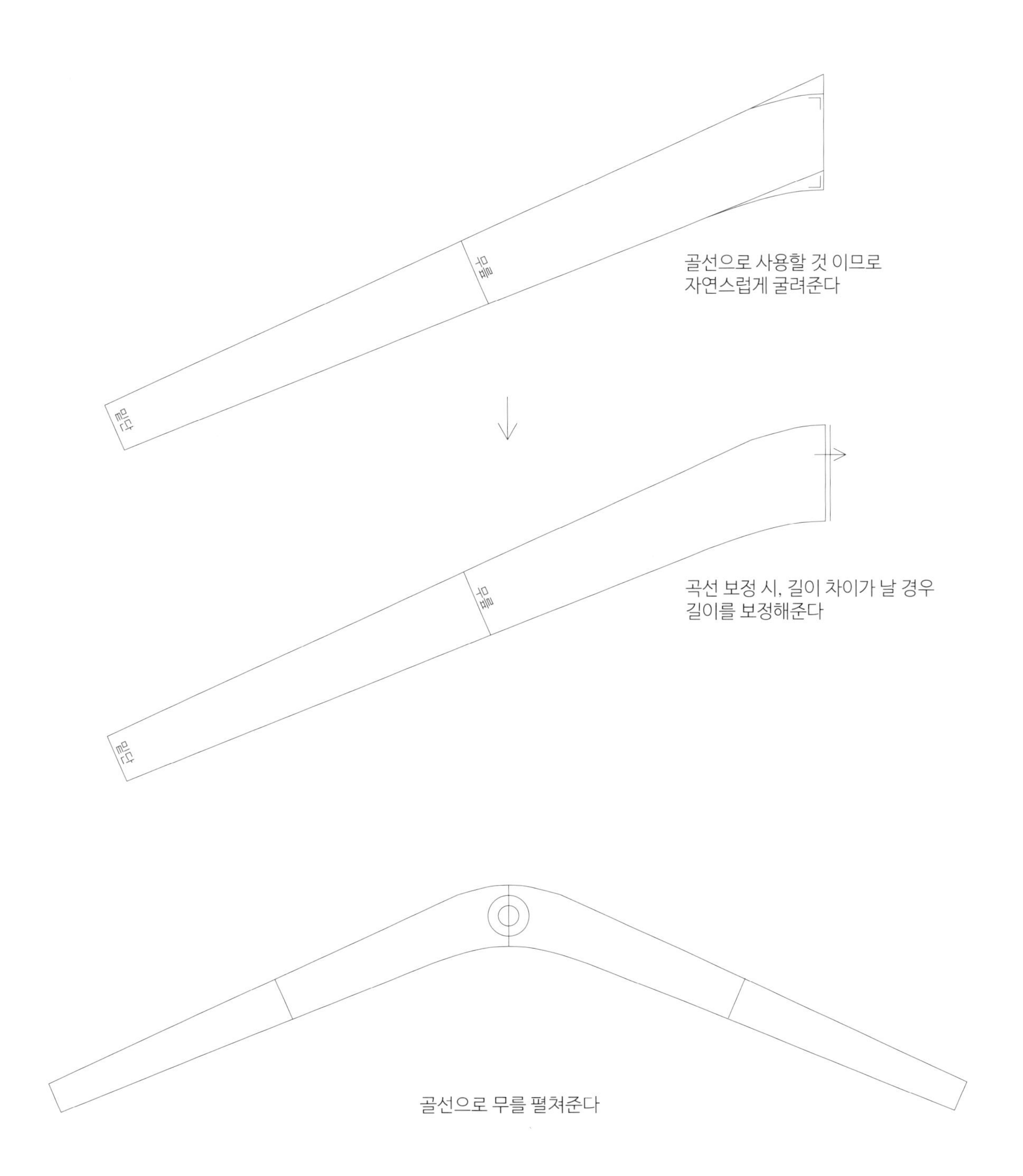

무 정리

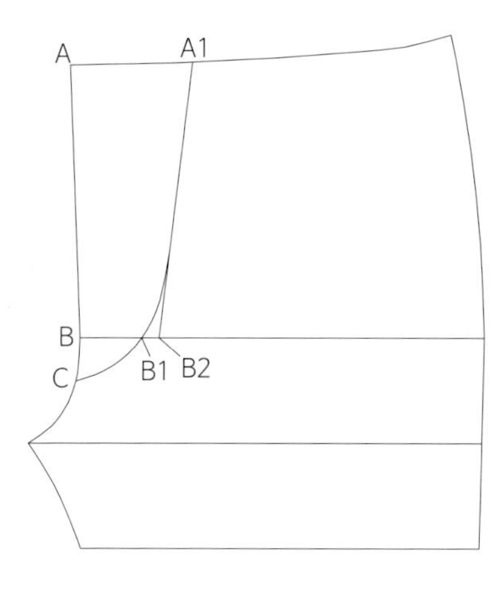

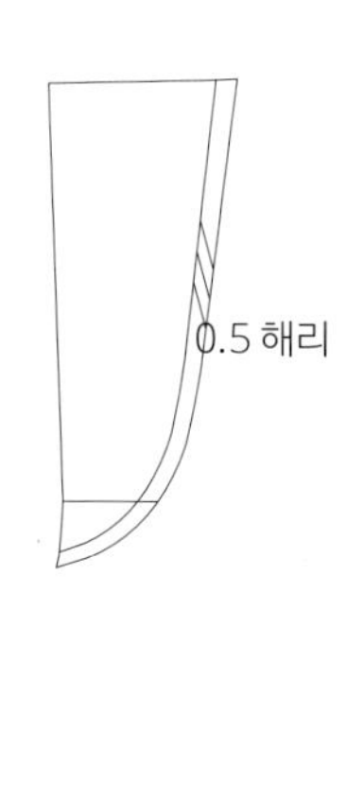

마이다데(버튼 플라이)

A-A1	7
B-B2	4.5
B-C	2.5
B-B1	3.5

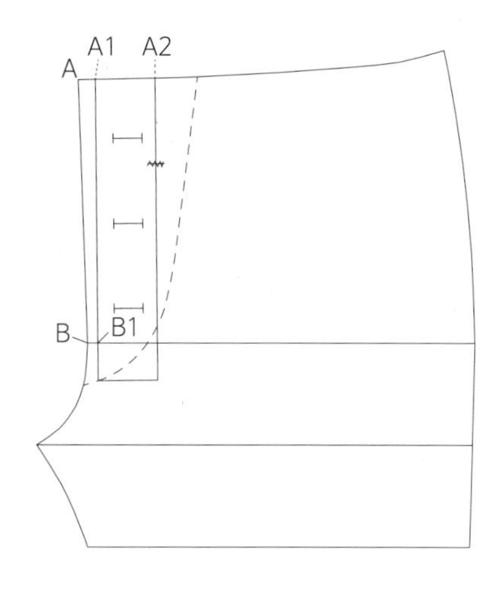

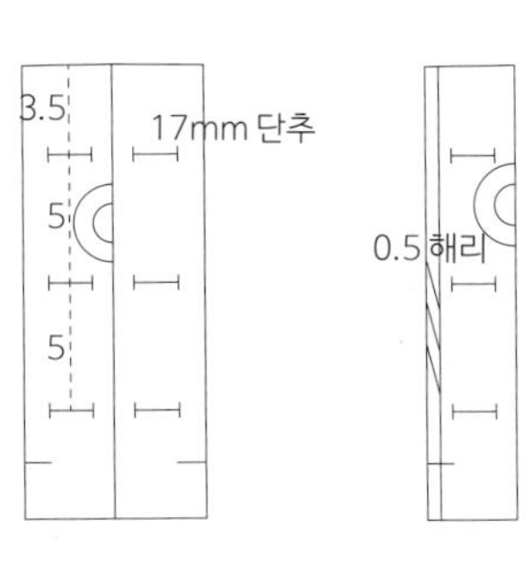

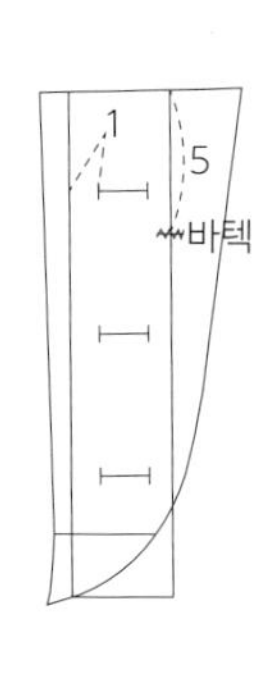

마이다데(버튼 플라이)

A-A1	1
B-B1	0.6
A1-A2	3.5

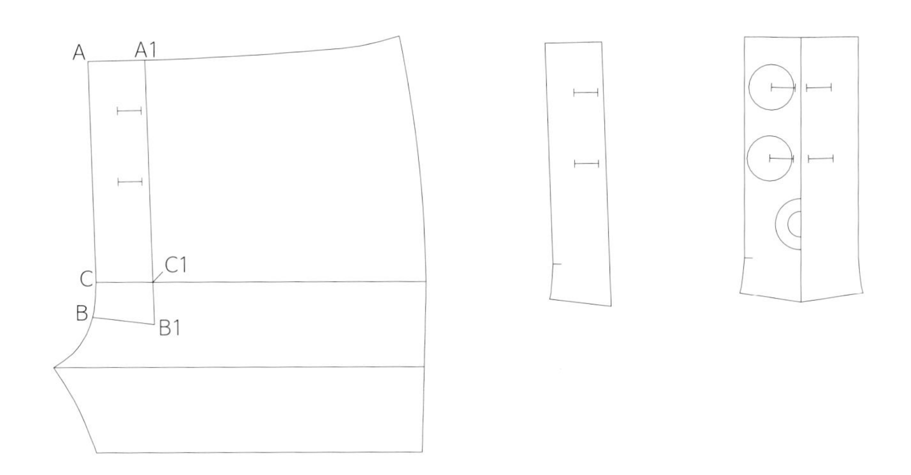

뎅고(버튼 플라이)

A-A1	4
C-B	2.5
B1-C1	3

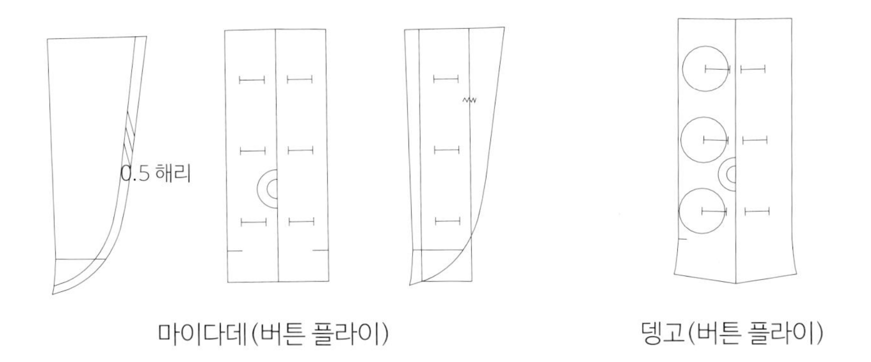

마이다데(버튼 플라이) 뎅고(버튼 플라이)

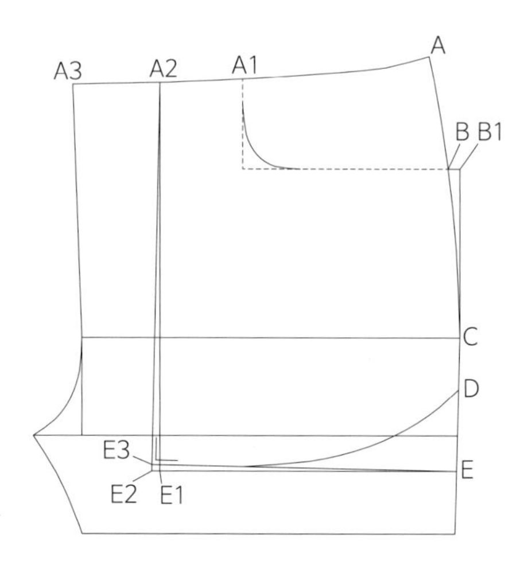

앞주머니 TC

A-A1	11.5
A2-A3	5.3
A-B	7
B-B1	1
C-D	3
D-E	5
A2-E1	A2 에서 힙선에 수직으로 내린 선
E-E1	수평 연결
E1-E2	0.5
A2-E3	E3-E 와 직각

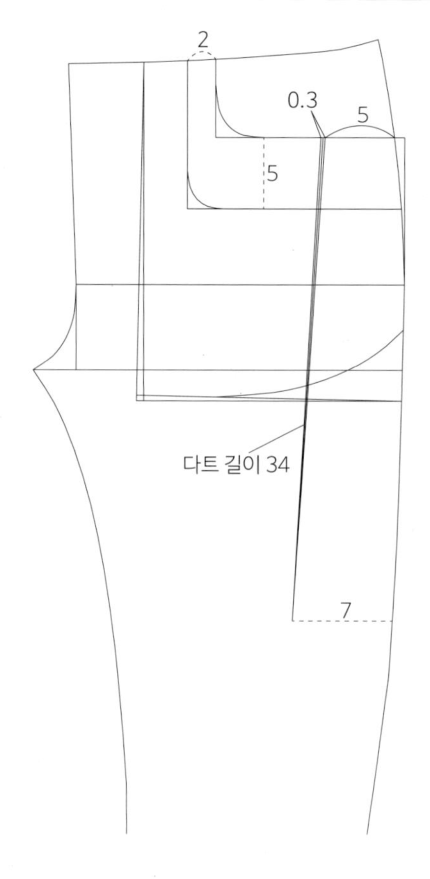

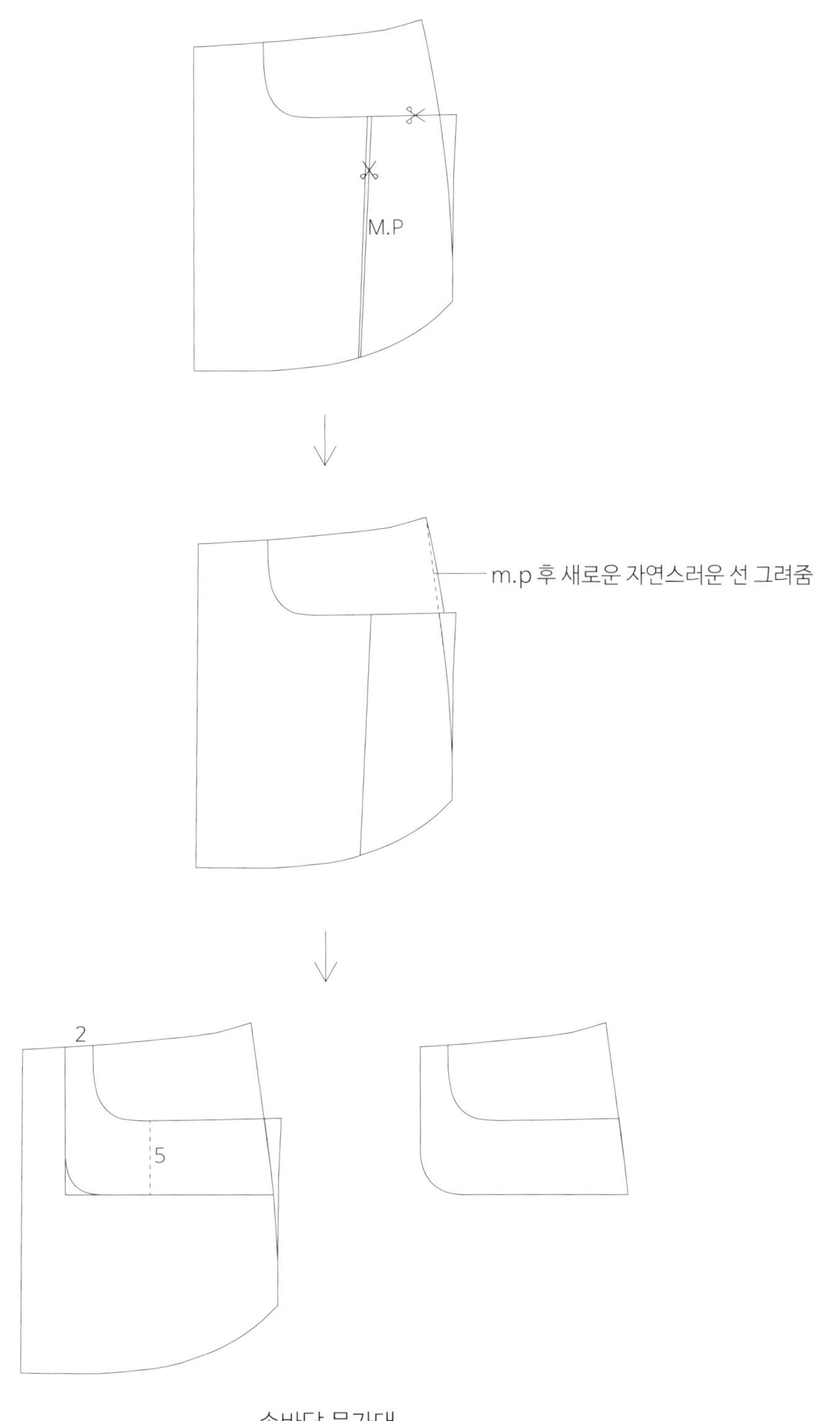

손바닥 묵가대

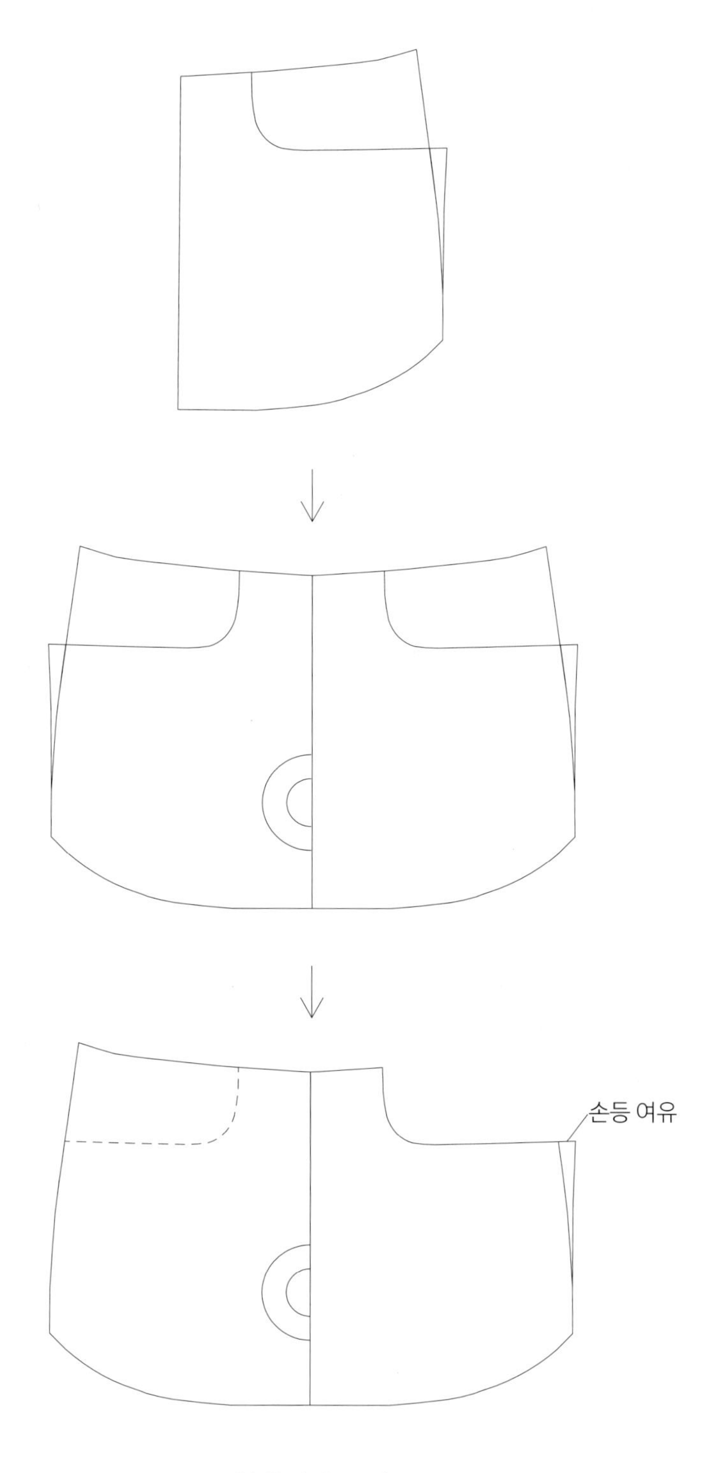

앞 주머니 TC감

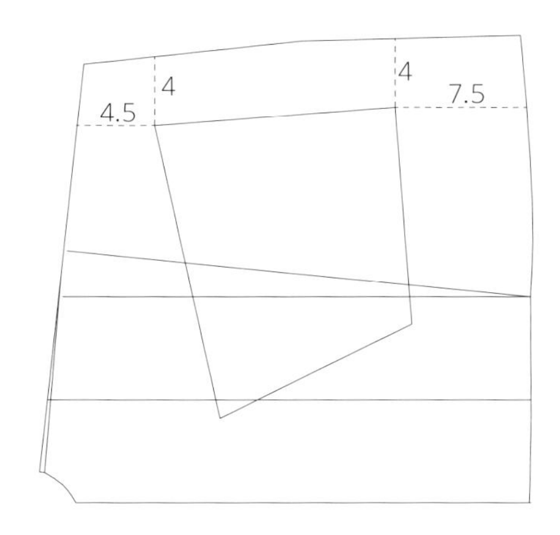

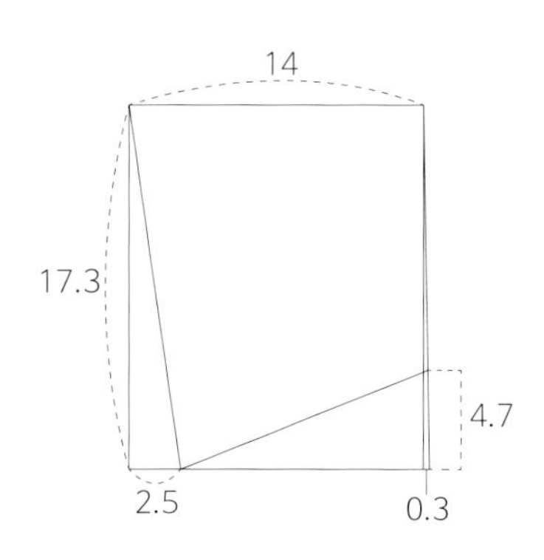

뒷주머니에 핀 주름 디자인을 넣을 수 있다

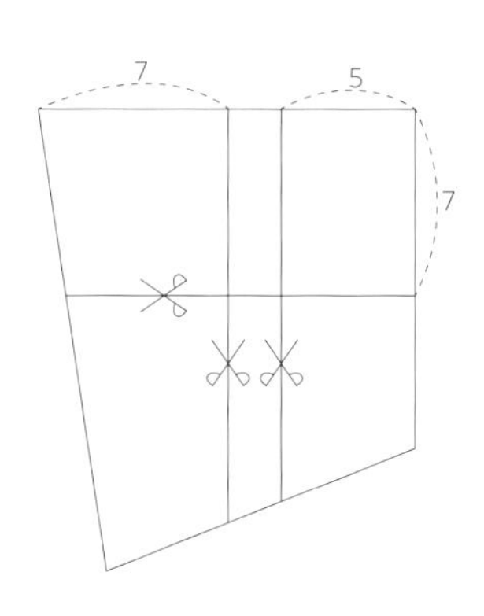

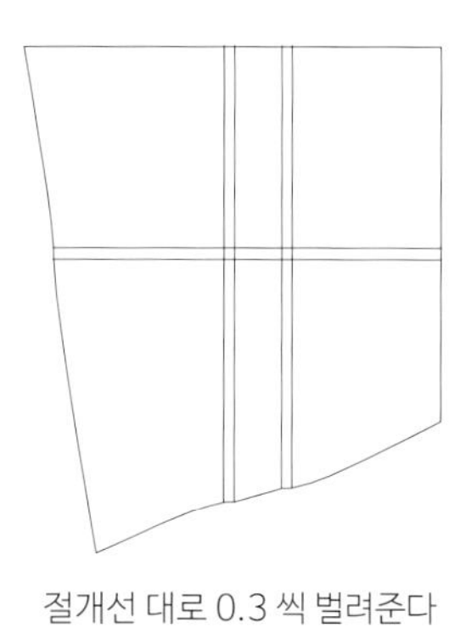

절개선 대로 0.3 씩 벌려준다

뒷주머니 정리

남성복 무릎 주름 고딕 진 MP21B004

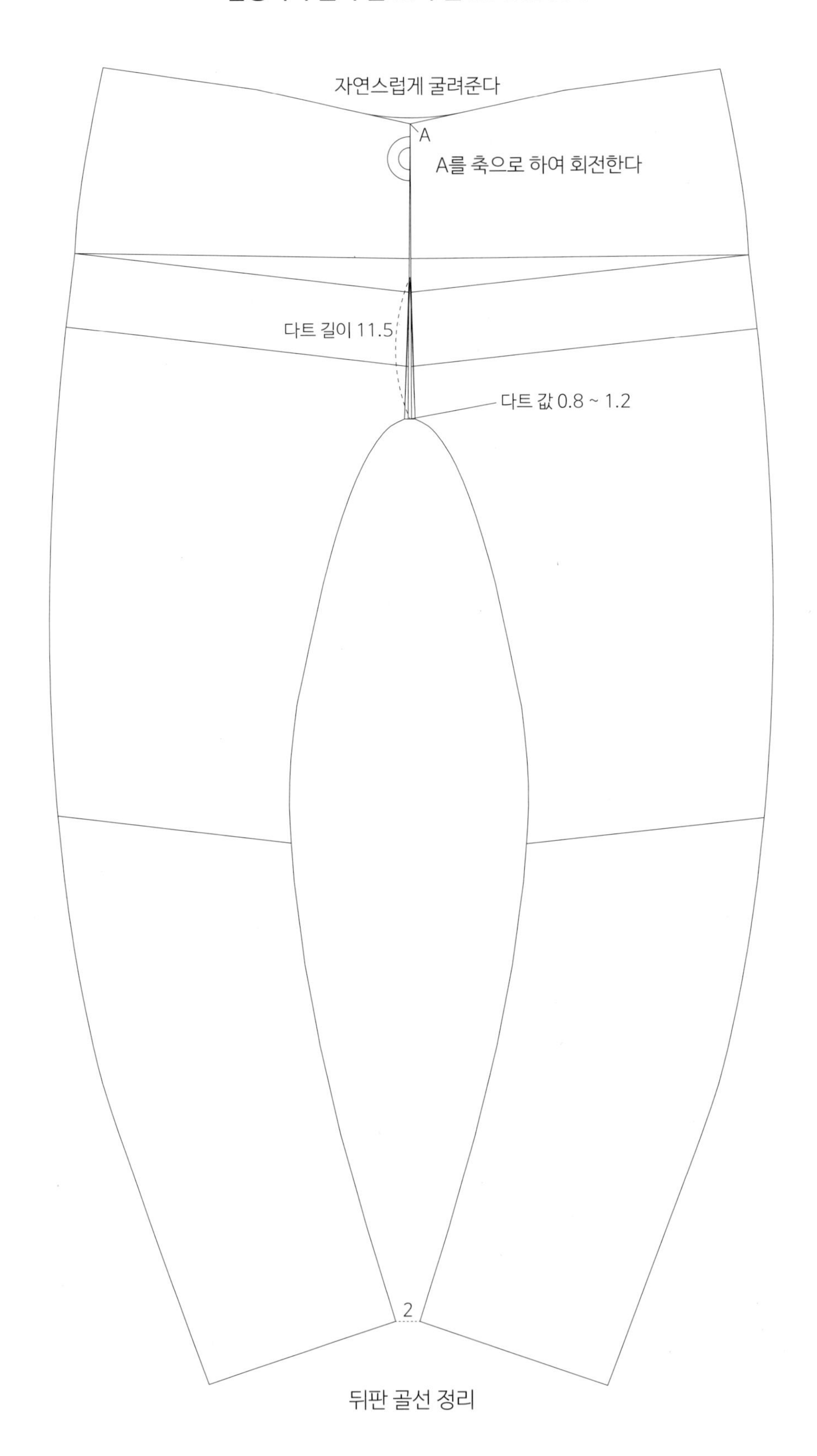

남성복 무릎 주름 고딕 진 MP21B004

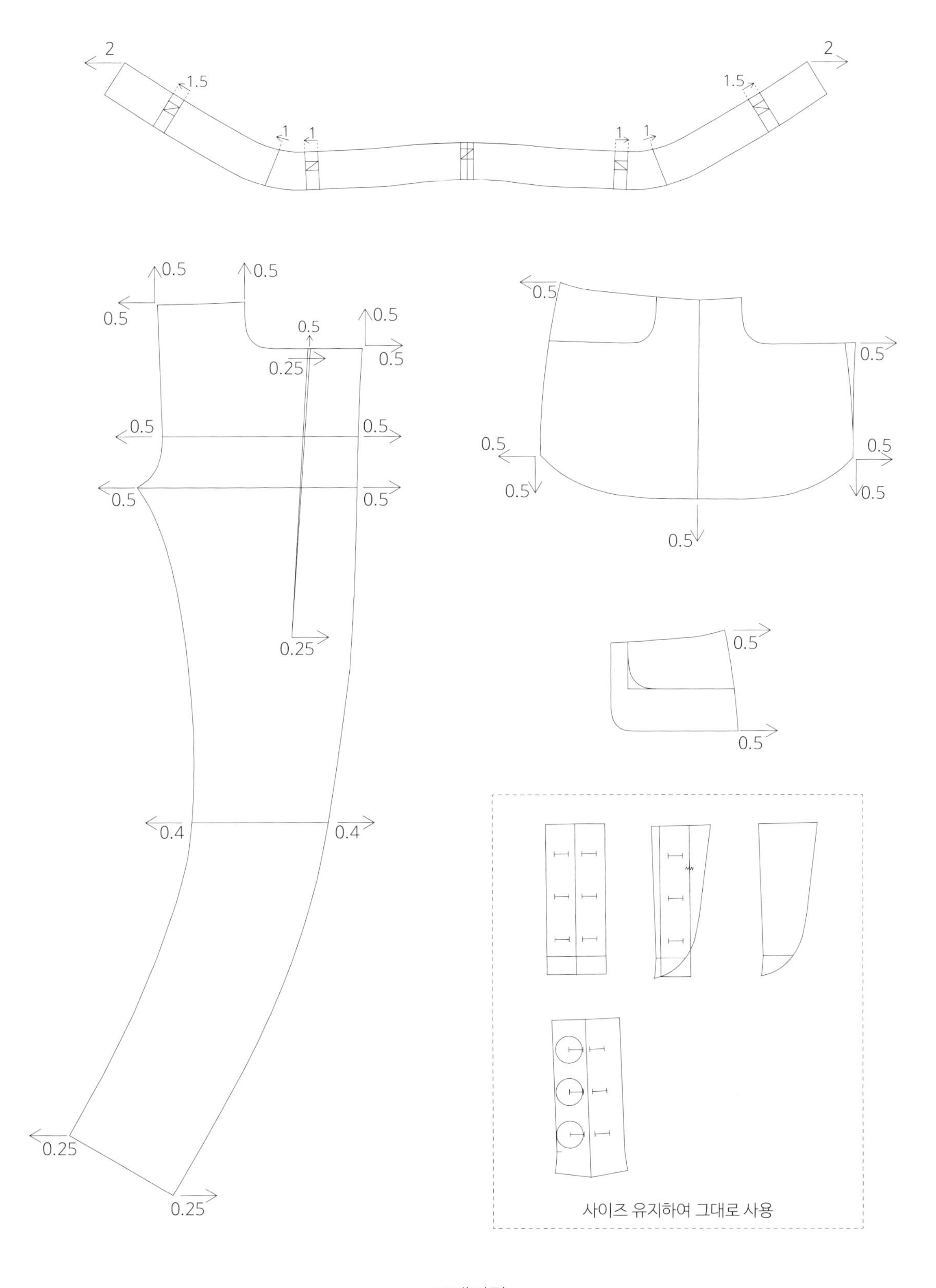

그레이딩

남성복 무릎 주름 고딕 진 MP21B004

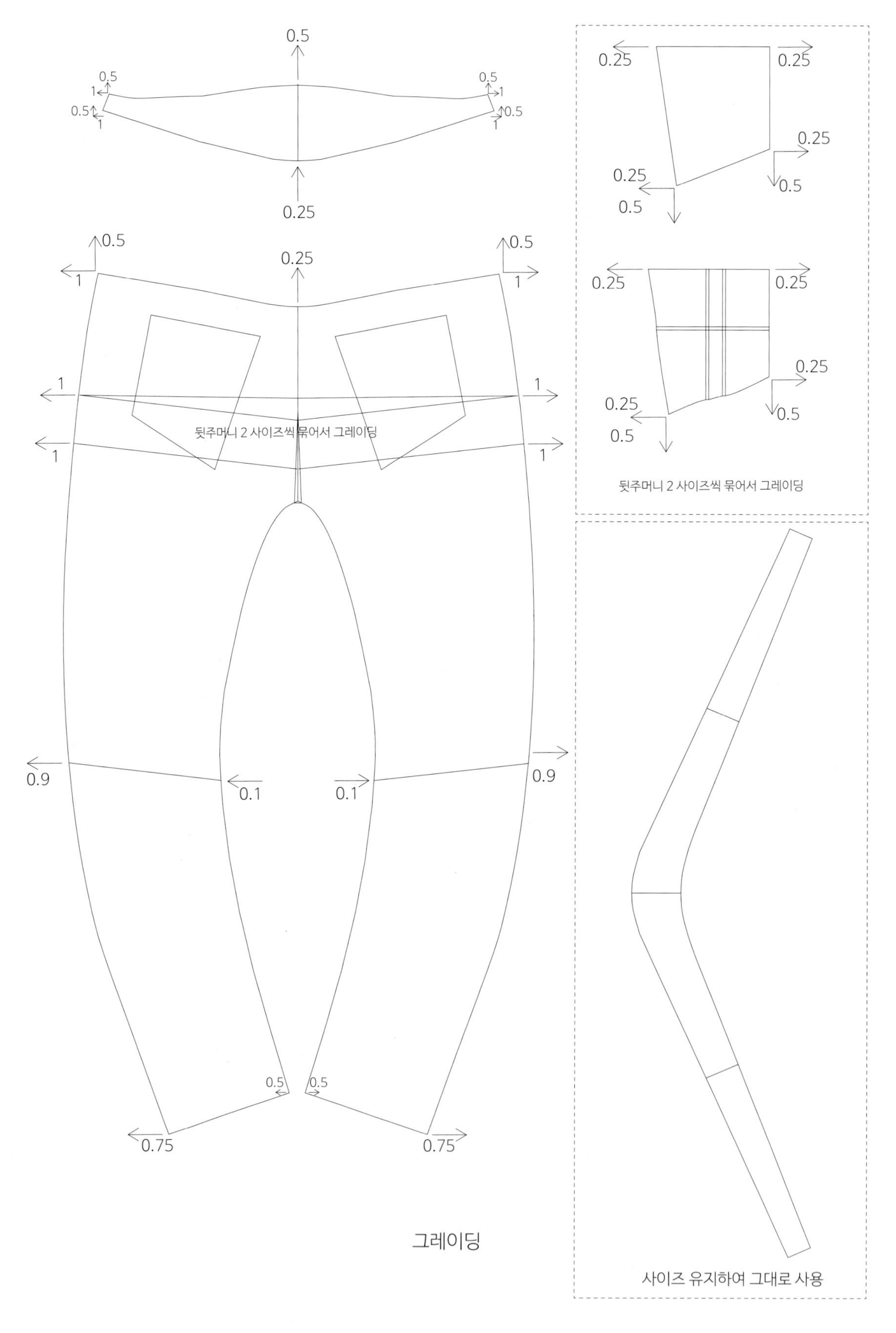

남성복 무릎 주름 고딕 진 MP21B004

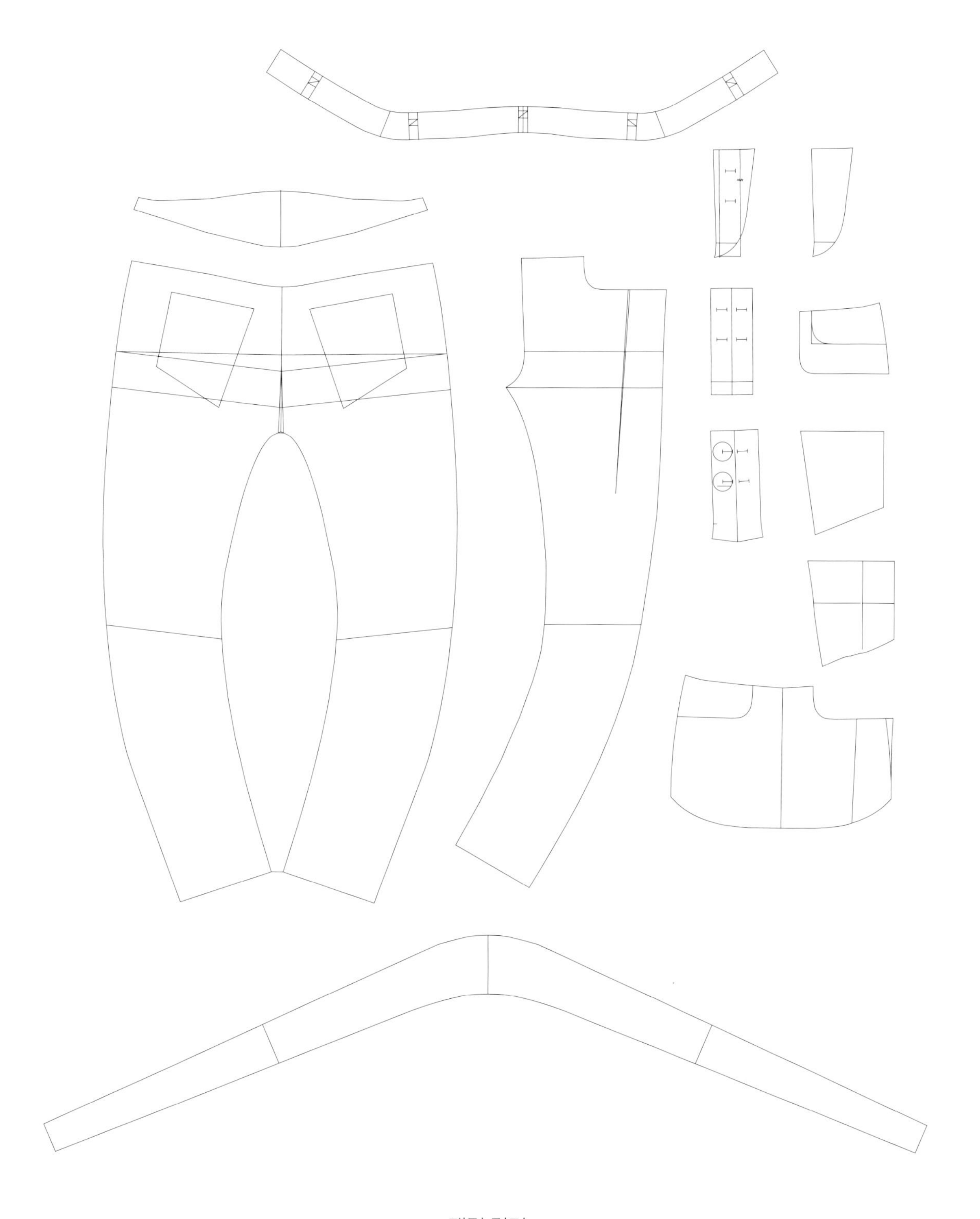

패턴 정리

남성복 카고 조거 팬츠 MP21U005

패턴사이즈 (단위:cm)	MP21U005							
허리 둘레	64-79	68-83	72-87	76-91	80-95	84-99	88-103	92-107
엉덩이 둘레	96	100	104	108	112	116	120	124
밑단 단면	11.5-19.5	12-20	12.5-20.5	13-21	13.5-21.5	14-22	14.5-22.5	15-23
총장	79.5	88	88.5	89	89.5	90	90.5	91

※ 이밴드 텐션이나, 원단의 두께에 따라 사이즈 값이 달라질 수 있습니다.

※ 허리둘레는 원단두께에 따라, 패턴사이즈보다 1cm~2.5cm 작아질 수 있습니다.(내외경차)

※ 인체 누드치수에서 적당한 여유가 있어야 합니다.

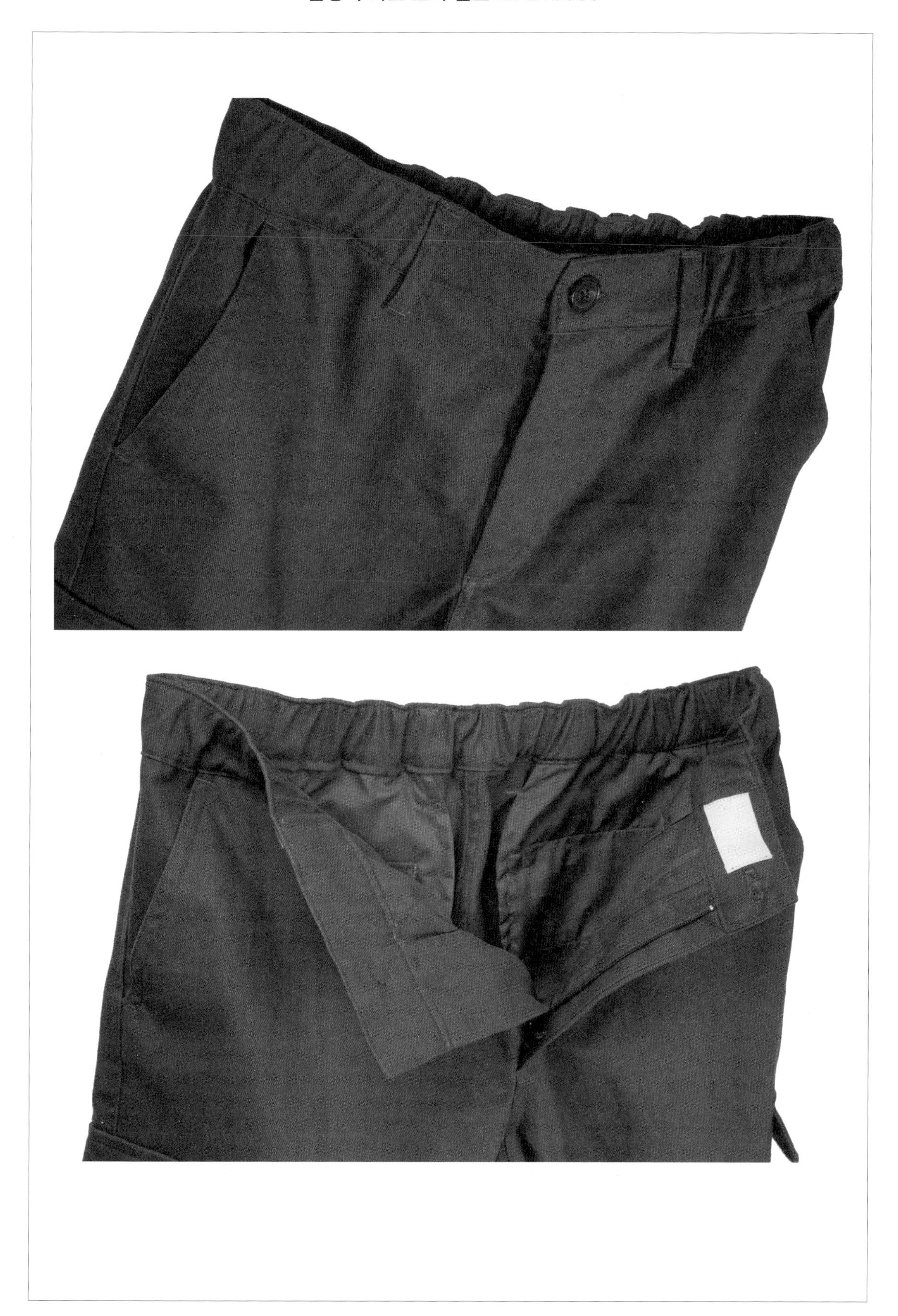

남성복 카고 조거 팬츠 MP21U005

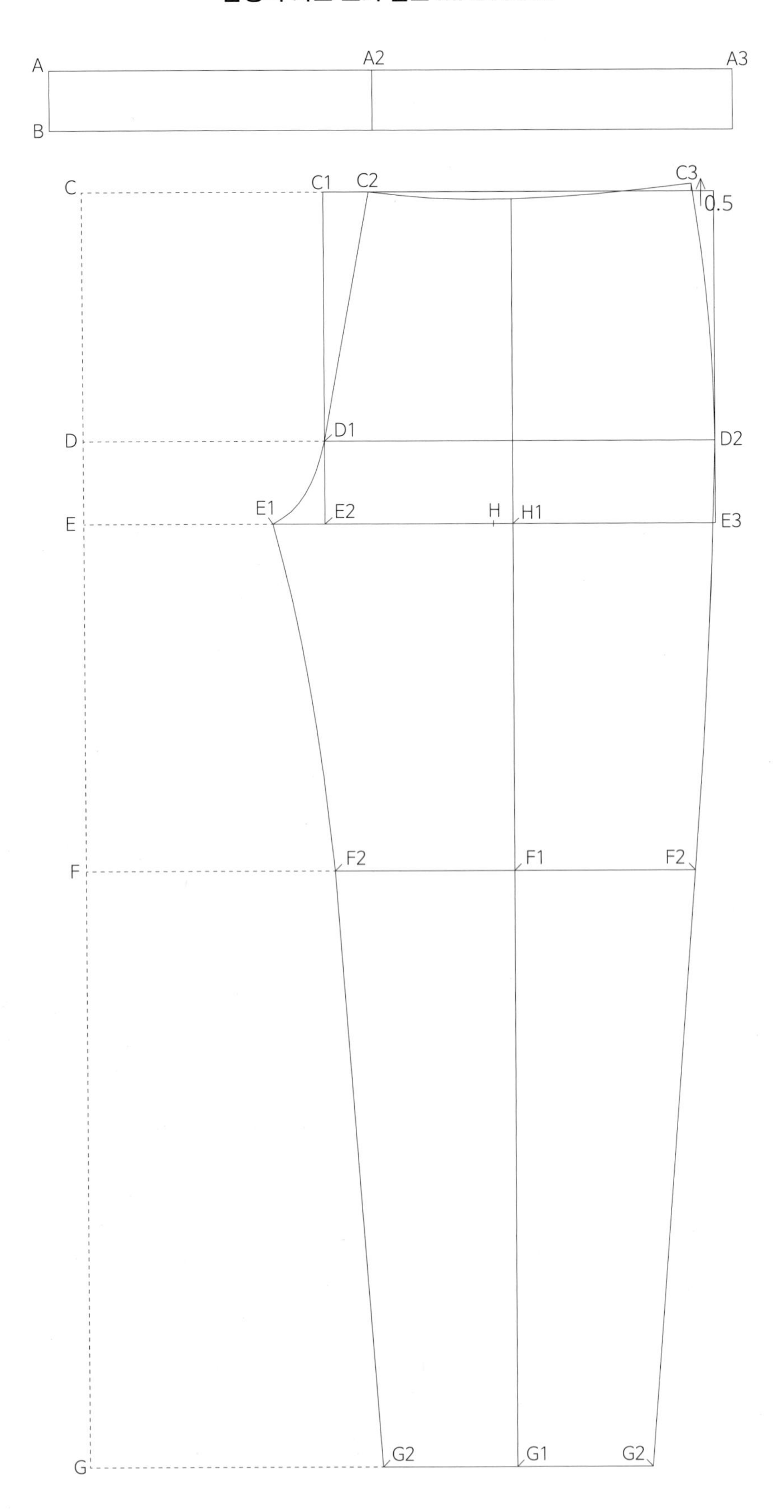

남성복 카고 조거 팬츠 MP21U005

A-B	4	오비 폭
A-A2	21.5	앞허리 값
A2-A3	24	뒤허리 값
C-D	16.5	
D-E	5.5	
E-F	23	
F-G	39.5	
D1-D2	26	앞판 힙 값
E1-E2	3.5	앞 고마대 값
C1-C2	3	
C2-C3	21.5	앞 허리 값
H	E1-E3 의 중간 점	
H-H1	1.3	H1에서 위아래 수직으로 레직기 선을 그려준다
G1-G2	9	
F1-F2	12	

남성복 카고 조거 팬츠 MP21U005

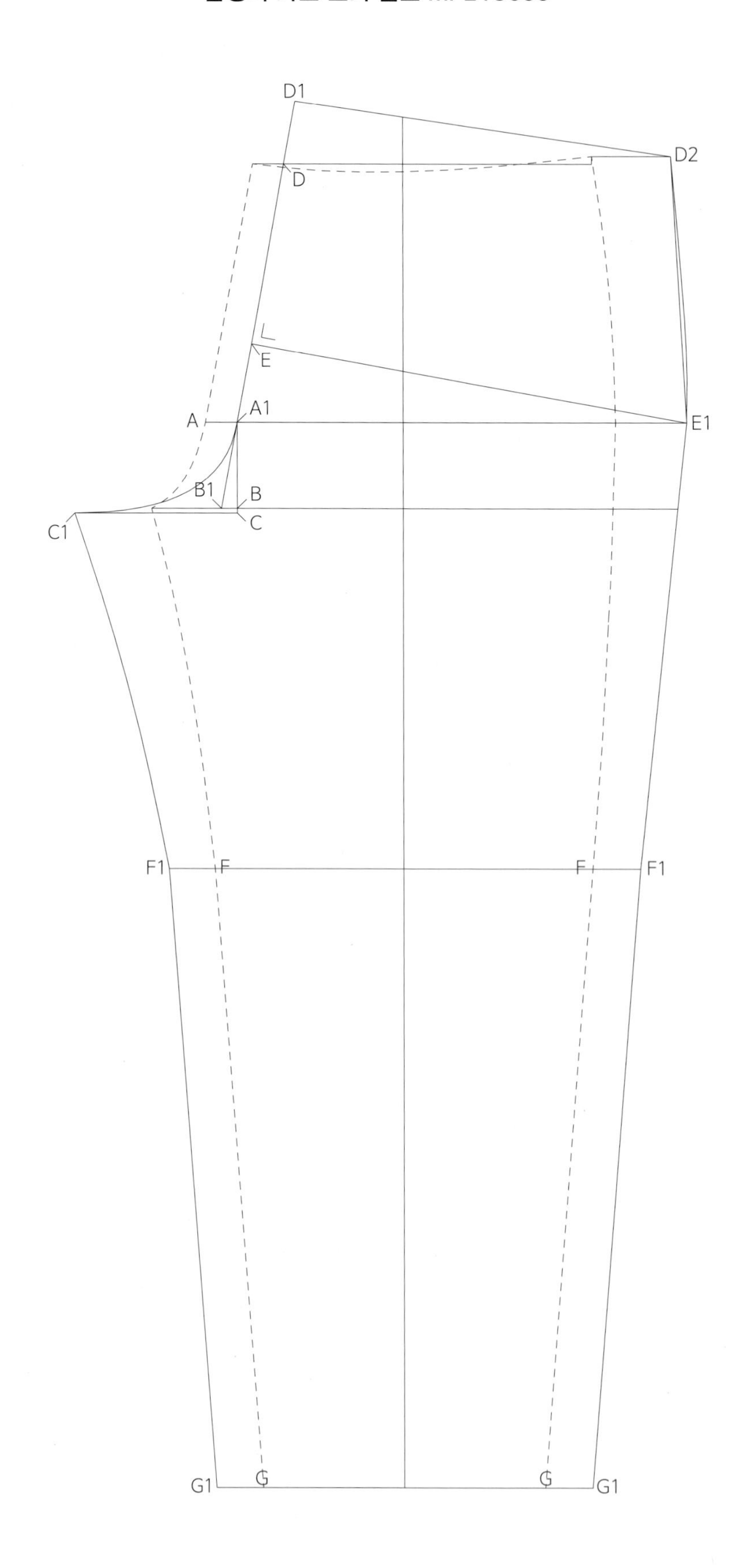

A-A1	2	
A1-B	5.5	수직으로 내림
B-B1	1	
B1-A1	직선 연결	뒤 중심선을 그린다
B-C	0.3	
C-C1	10.5	뒤 고마대 값
D-D1	4	
D1-D2	24	뒤허리 값
E-E1	28	뒤판 힙 값
F-F1	3	
G-G1	3	

남성복 카고 조거 팬츠 MP21U005

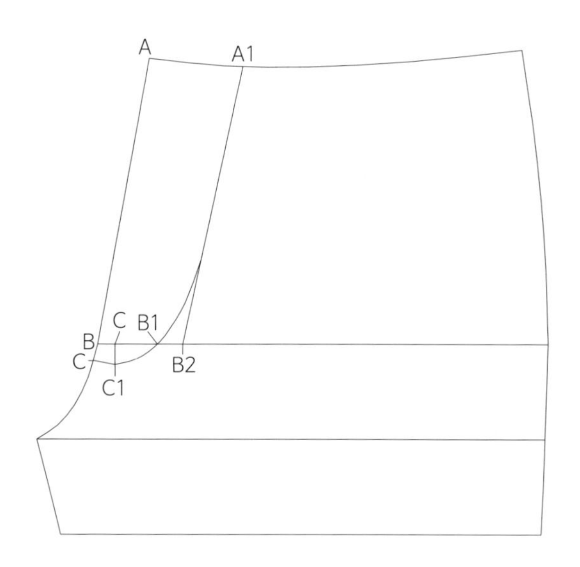

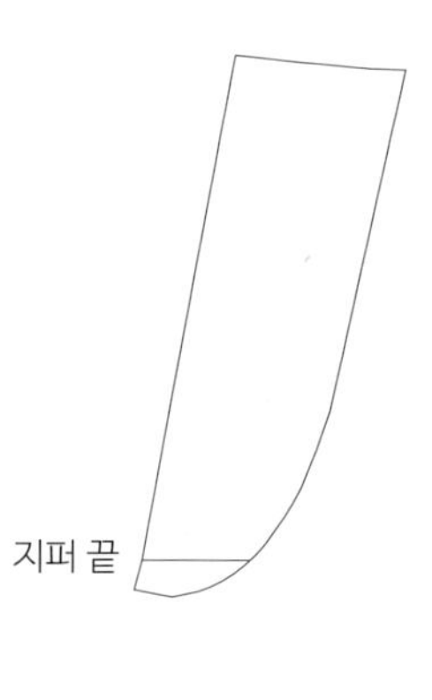

마이다데

B	지퍼 끝
A-A1	5.5
B-B2	5
B-B1	3.5
B-C	1
C-C1	1.2

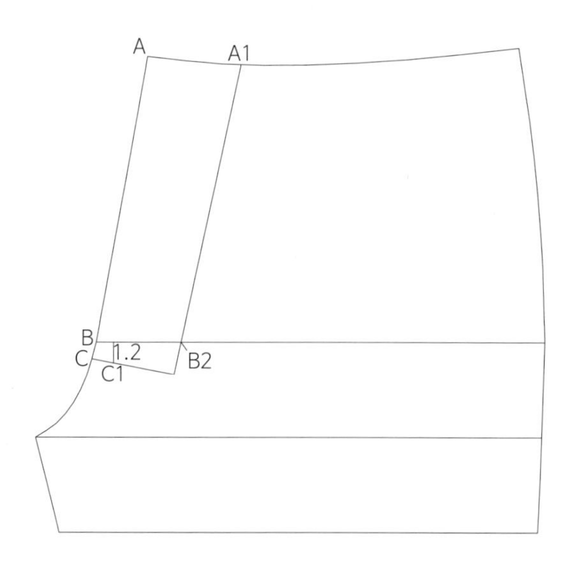

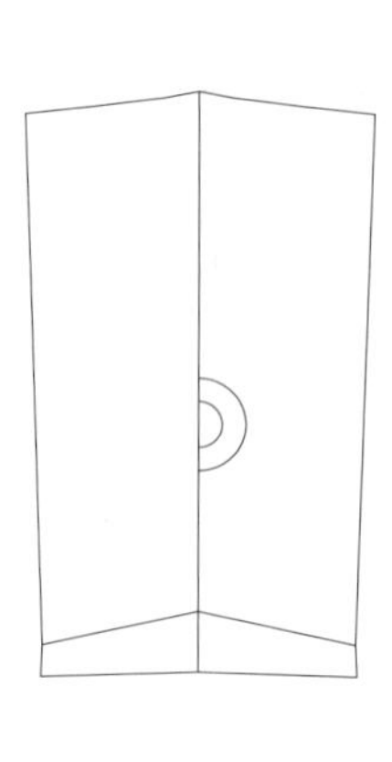

뎅고

B	지퍼 끝	
A-A1	5.5	
B-B2	5	A1-B2 직선 연결
B-C	1	
C-C1	직선 연결	

남성복 카고 조거 팬츠 MP21U005

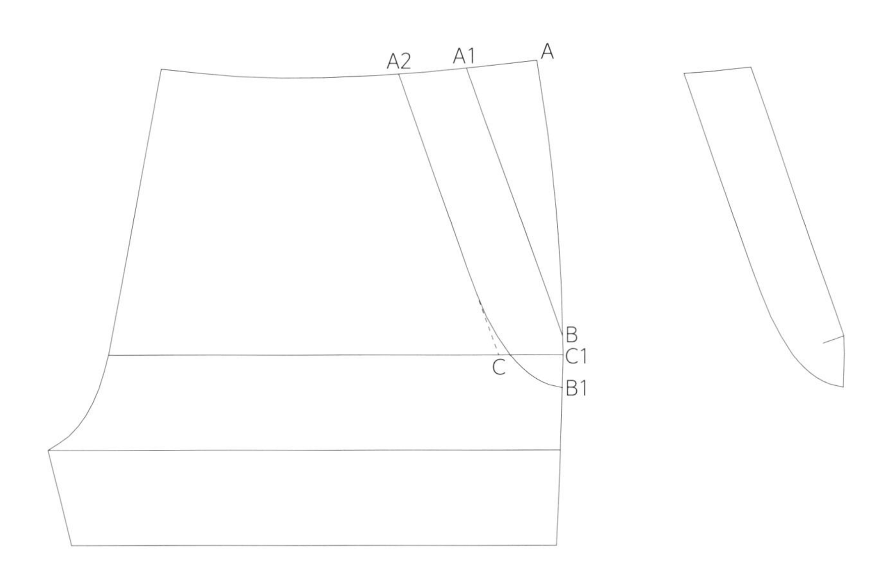

손등 묵가대

A-A1	4
A-B	16
A1-A2	3.8
C-C1	3
B-B1	3

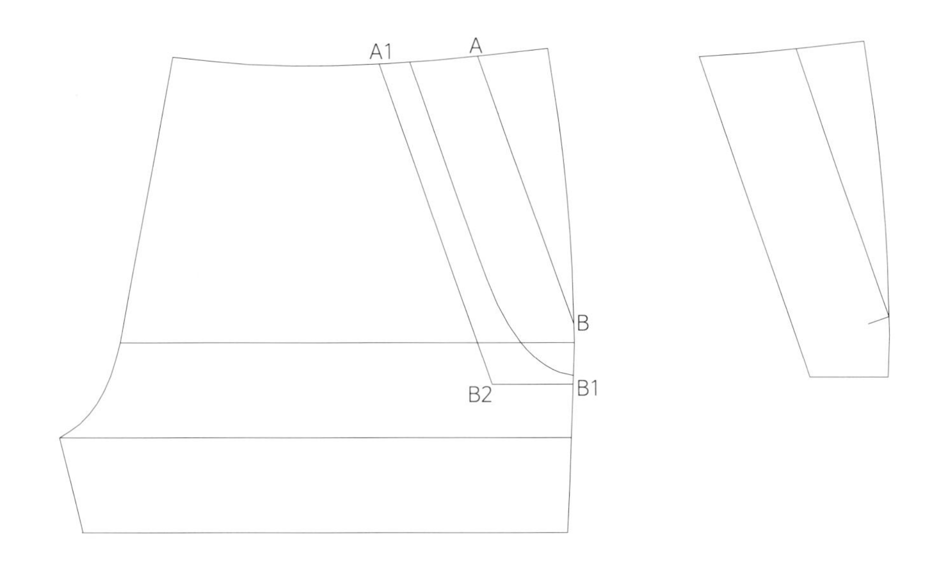

손바닥 묵가대

A-A1	6
B-B1	3.5
A-B 와 A1-B2 는 수평	

남성복 카고 조거 팬츠 MP21U005

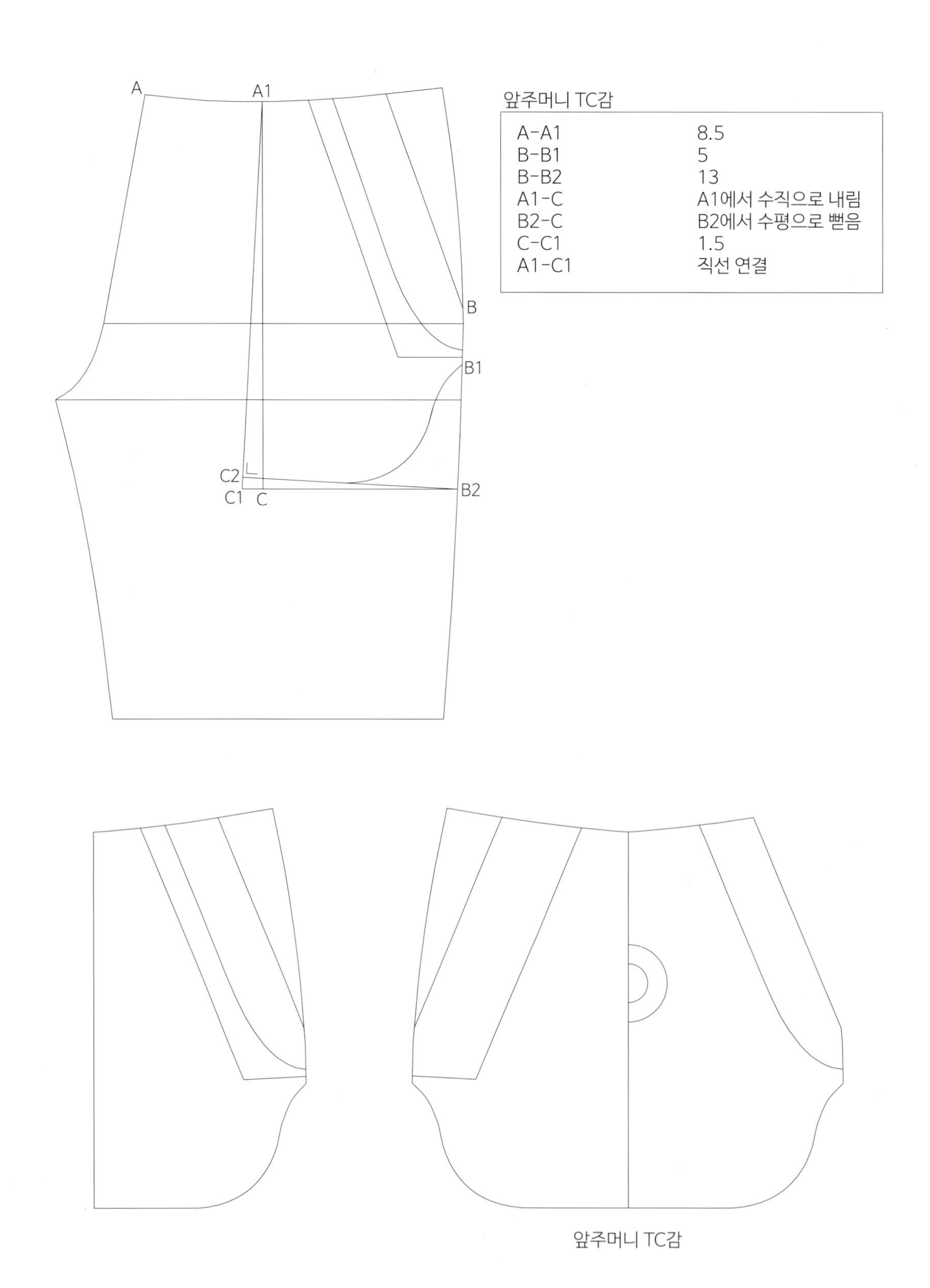

앞주머니 TC감

A-A1	8.5
B-B1	5
B-B2	13
A1-C	A1에서 수직으로 내림
B2-C	B2에서 수평으로 뻗음
C-C1	1.5
A1-C1	직선 연결

남성복 카고 조거 팬츠 MP21U005

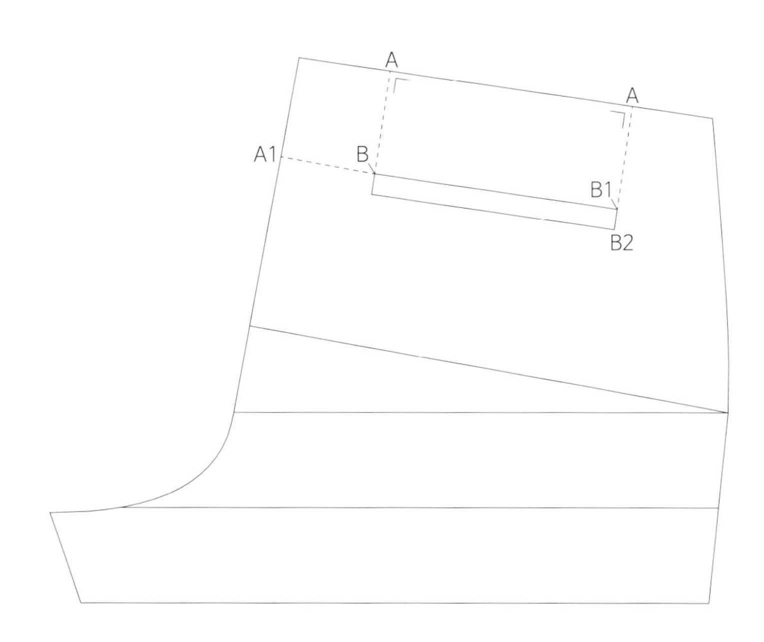

뒷주머니

A1-B	5.5
A-B, A-B1	6
B-B1	14
B1-B2	1.2

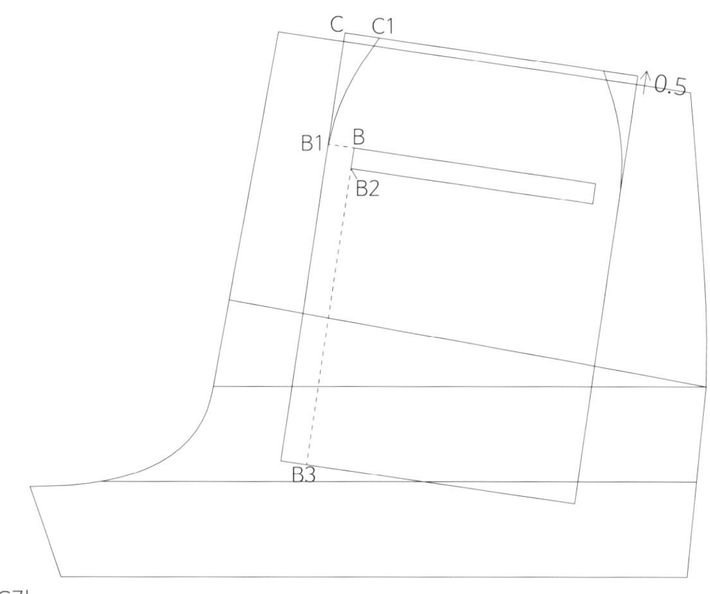

뒷주머니 TC감

B-B1	1.5
B2-B3	17.5
C-C1	2

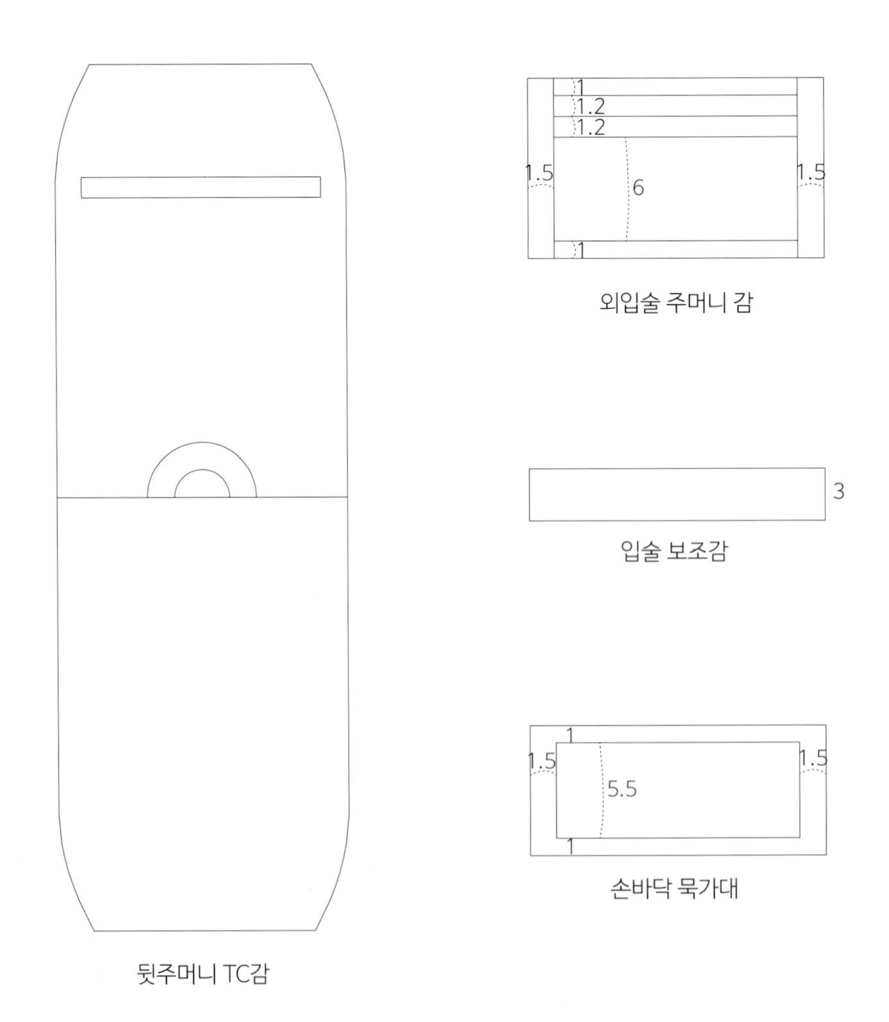

뒷주머니 부속감 정리

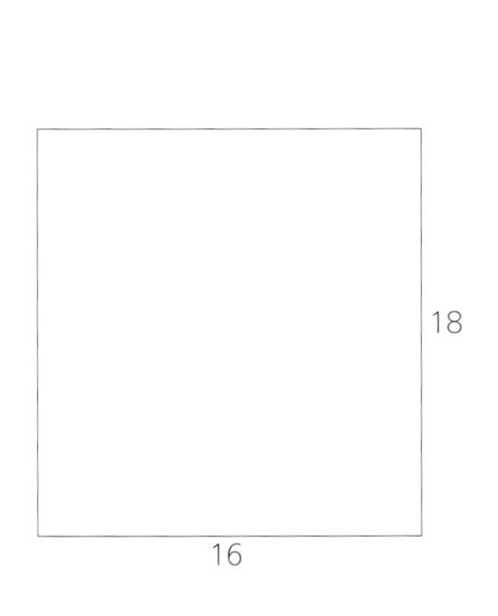

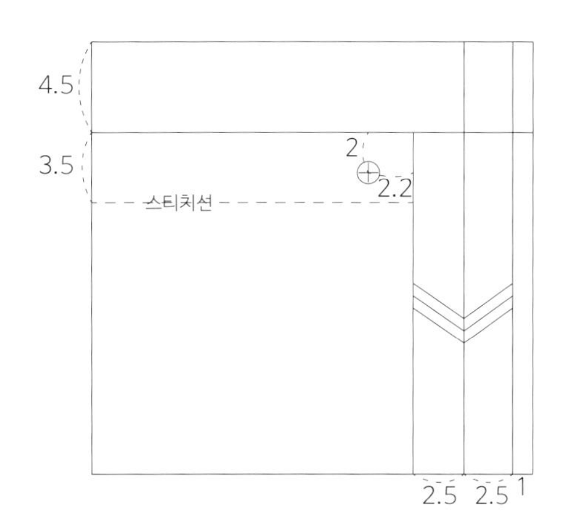

주머니 입체값 및 시접 부여

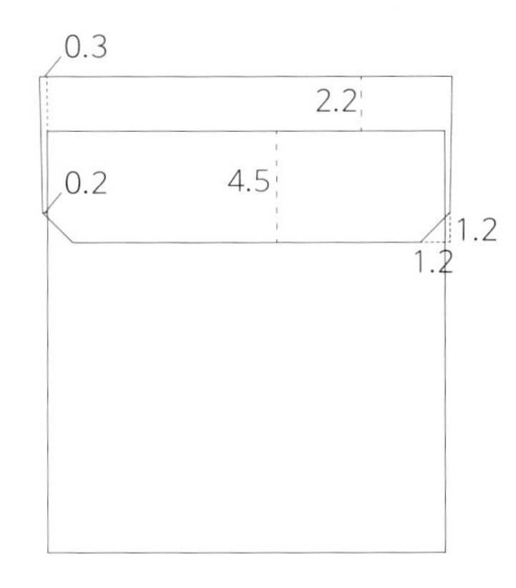

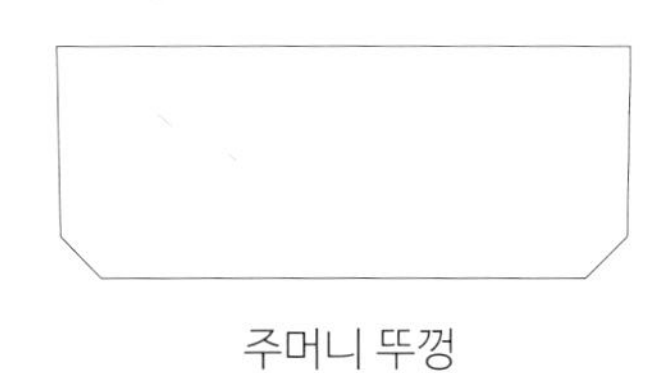

주머니 뚜껑

카고 주머니 부속감 정리

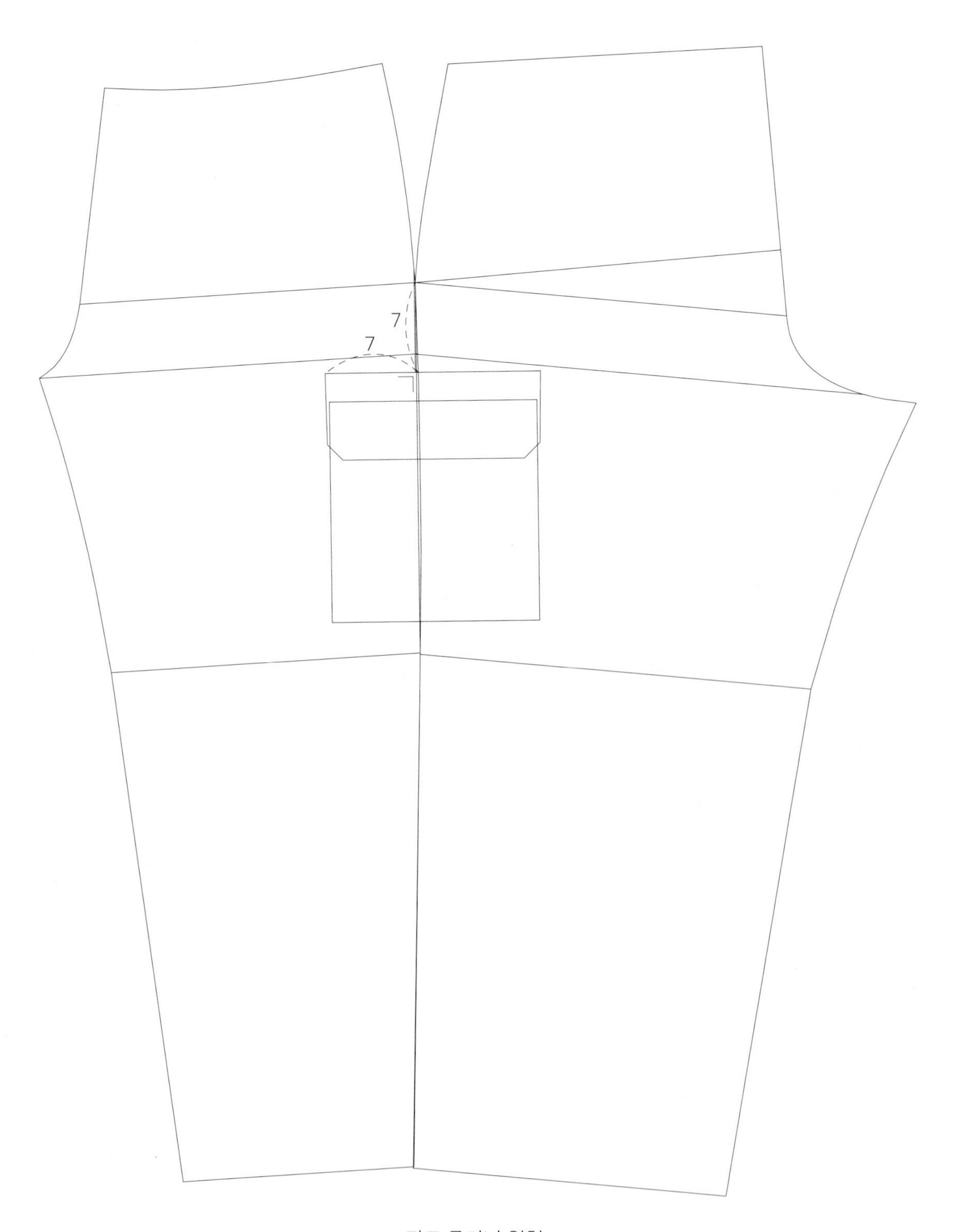

카고 주머니 위치

남성복 카고 조거 팬츠 MP21U005

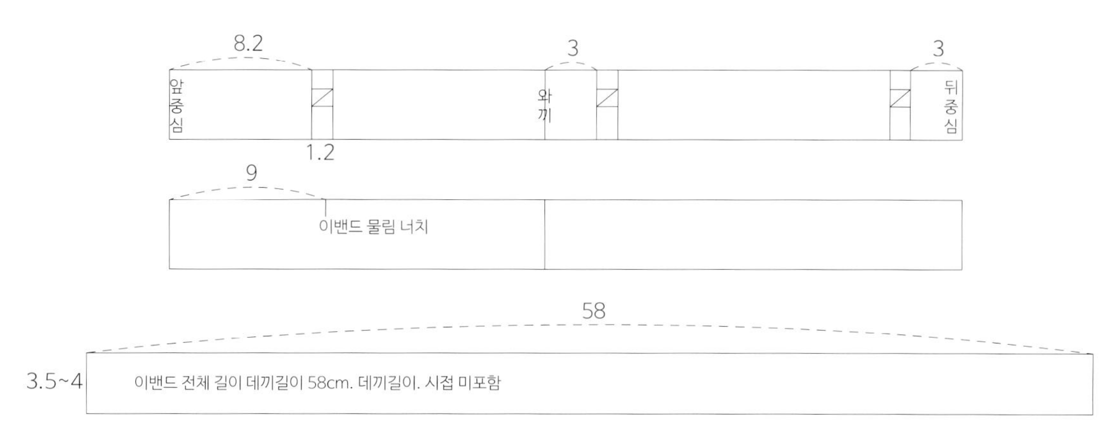

오비 이밴드

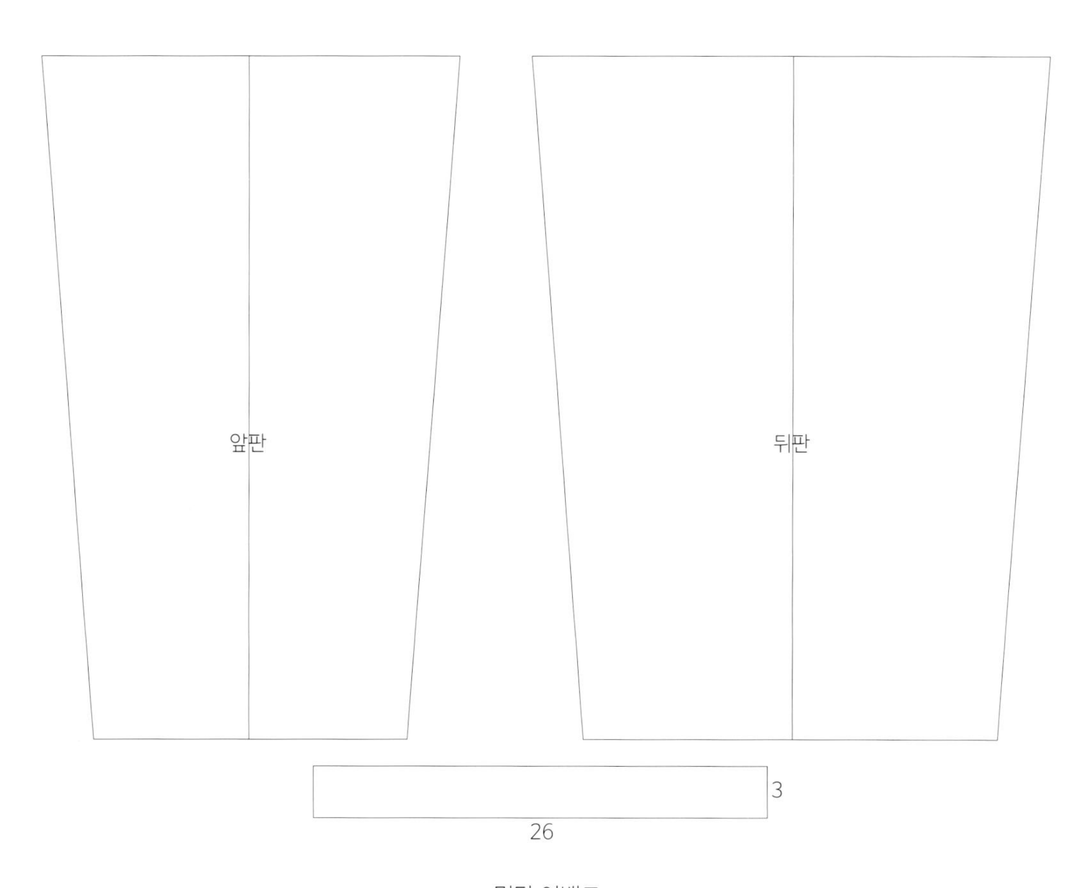

밑단 이밴드

이밴드 정리

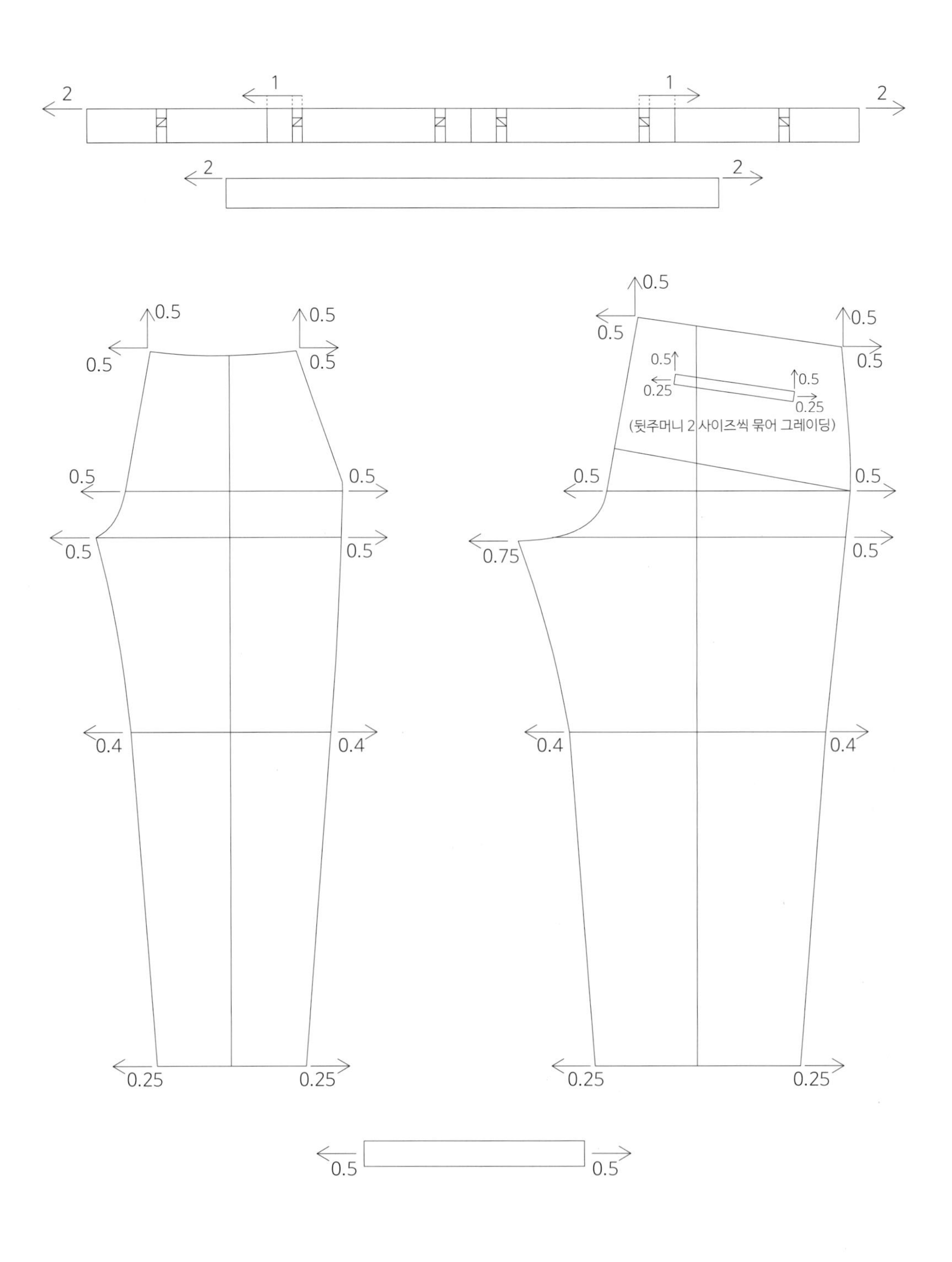
2
1
1
2
2
2
0.5
0.5
0.5
0.5
0.5
0.5
0.5
0.5
0.5
0.5
0.5
0.5
0.5
0.25
0.5
0.25
(뒷주머니 2 사이즈씩 묶어 그레이딩)
0.5
0.5
0.5
0.75
0.5
0.4
0.4
0.4
0.4
0.25
0.25
0.25
0.25
0.5
0.5

그레이딩

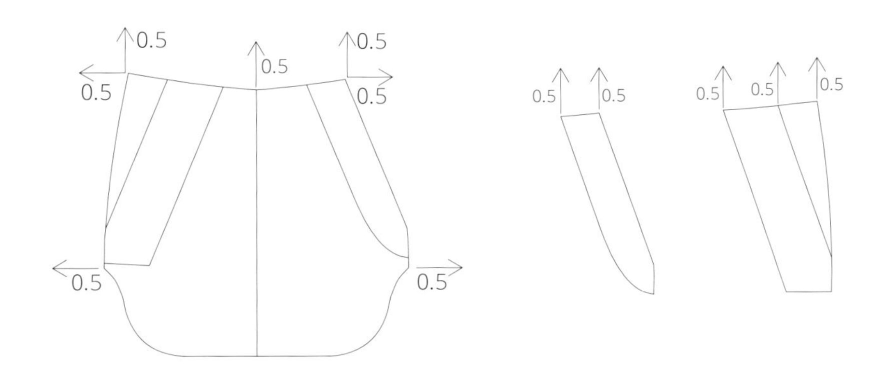
0.5
0.5
0.5
0.5
0.5
0.5
0.5
0.5
0.5
0.5
0.5
0.5
0.5

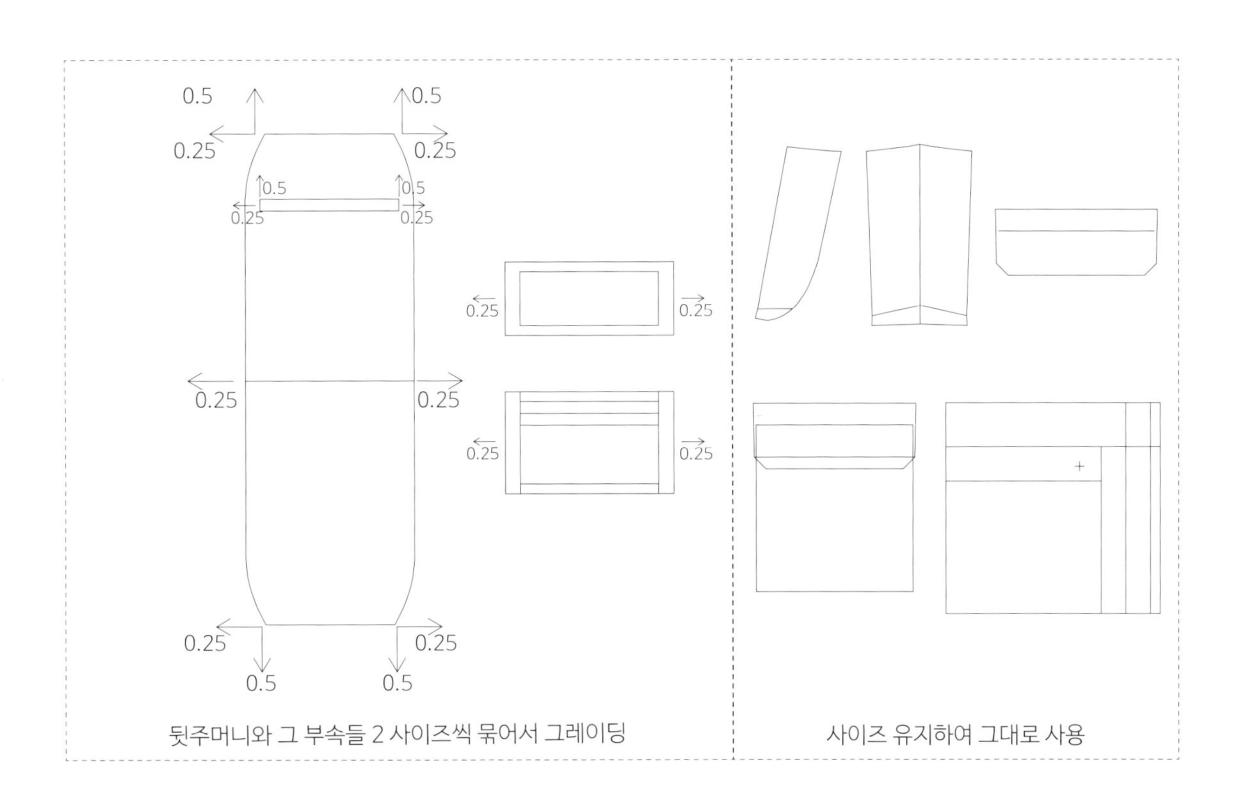
0.5
0.5
0.25
0.25
0.5
0.5
0.25
0.25
0.25
0.25
0.25
0.25
0.25
0.25
0.25
0.25
0.25
0.25
0.5
0.5
뒷주머니와 그 부속들 2 사이즈씩 묶어서 그레이딩
사이즈 유지하여 그대로 사용

그레이딩

남성복 카고 조거 팬츠 MP21U005

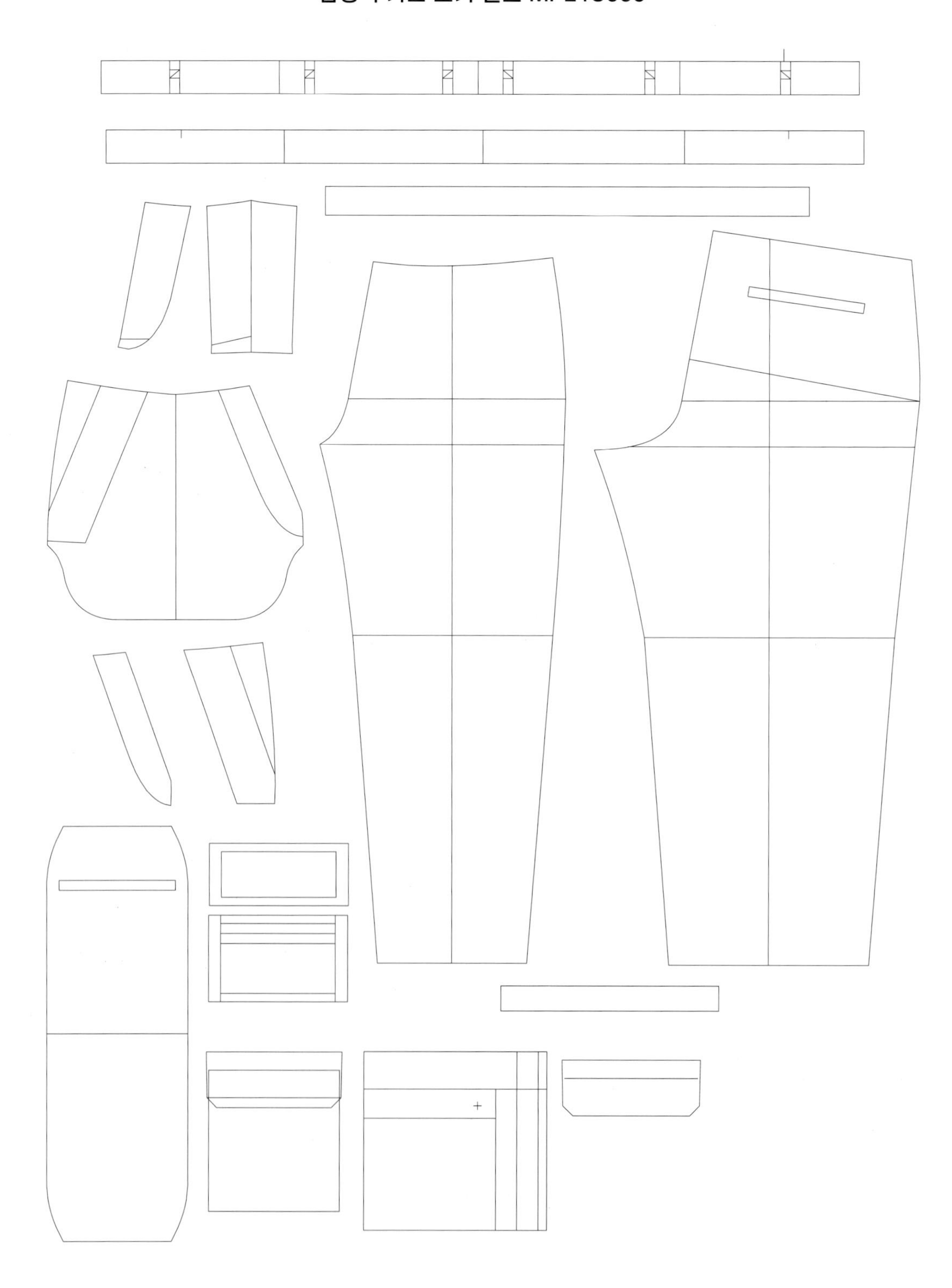

패턴 정리

패턴사이즈 (단위:cm)	MP21U007							
허리 둘레	66-82	70-86	74-90	78-94	82-98	86-102	90-106	94-110
엉덩이 둘레	88	92	96	100	104	108	112	116
밑단 단면	19.5	20	20.5	21	21.5	22	22.5	23
총장	89	89.5	90	90.5	91	91.5	92	92.5

※ 이밴드 텐션이나, 원단의 두께에 따라 사이즈 값이 달라질 수 있습니다.

※ 허리둘레는 원단두께에 따라, 패턴사이즈보다 1cm~2.5cm 작아질 수 있습니다.(내외경차)

※ 인체 누드치수에서 적당한 여유가 있어야 합니다.

남성복 캐쥬얼 밴딩 팬츠 MP21U007

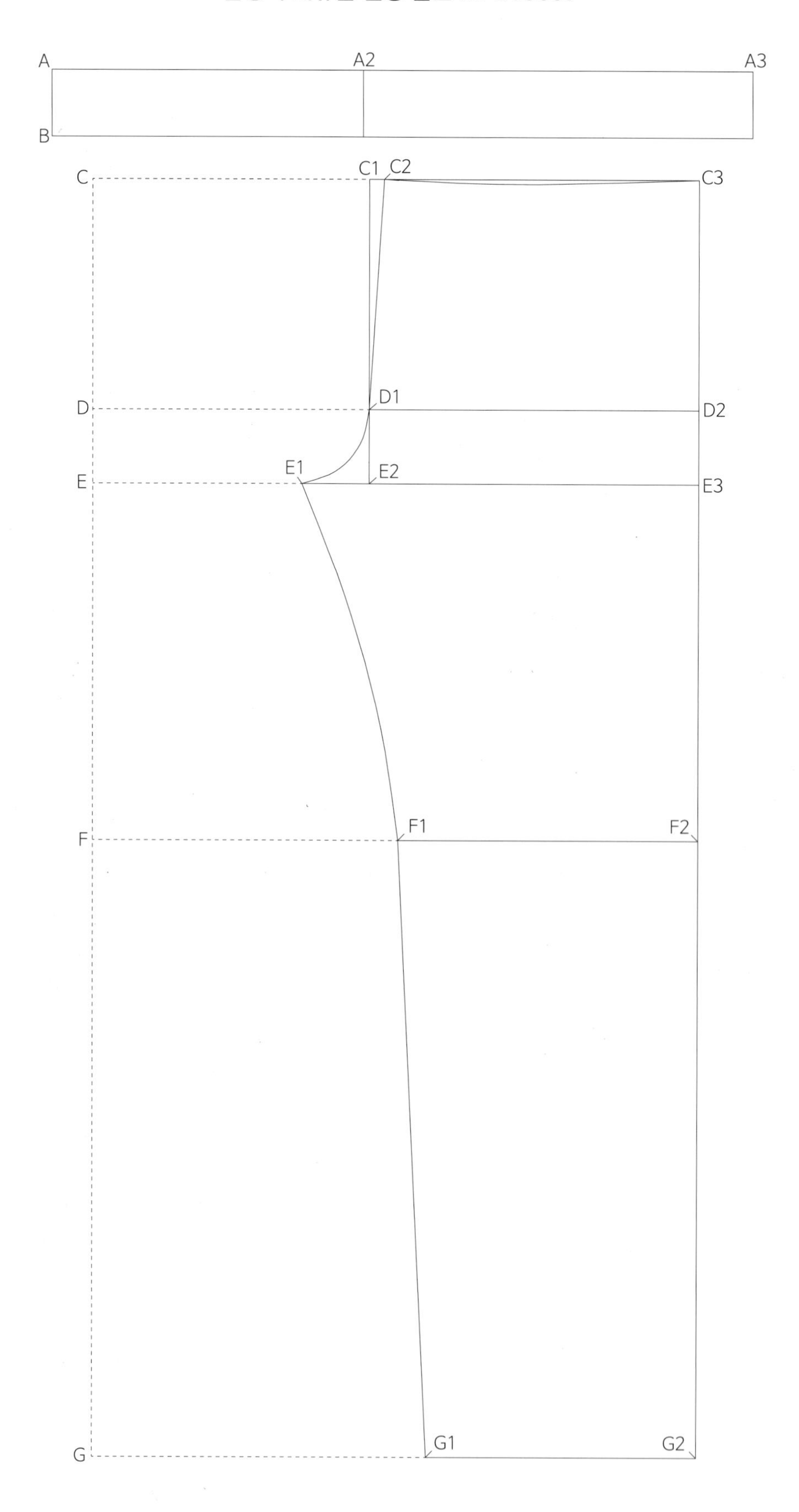

남성복 캐쥬얼 밴딩 팬츠 MP21U007

A-B	4.5	오비 폭
A-A2	21	앞허리 값
A2-A3	26	뒤허리 값
C-D	15.5	
D-E	5	
E-F	24	
F-G	41.5	
D1-D2	22	앞판 힙 값
E1-E2	4.5	앞 고마대 값
C1-C2	1	
C2-C3	21	앞 허리 값
C3-D2-E3-F2-G2	직선 연결	와끼선을 직선으로 내려준다
F1-F2	20	
G1-G2	15.5	

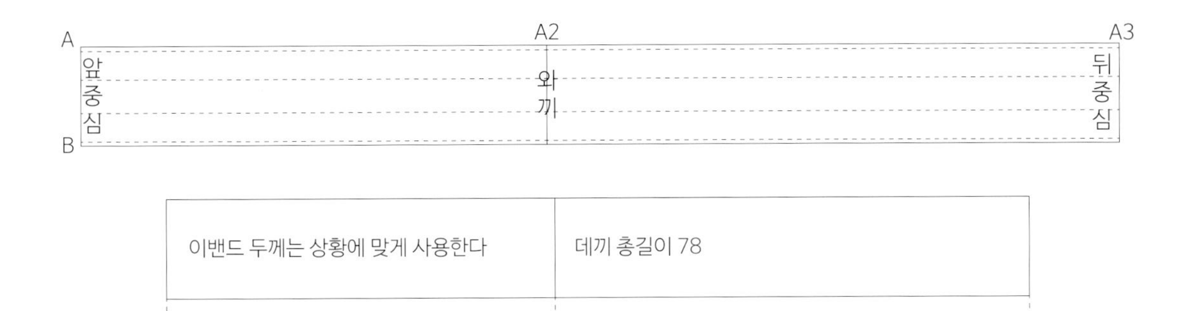

이밴드 삽입 하여 체인스티치로 고정할 수 있다

남성복 캐주얼 밴딩 팬츠 MP21U007

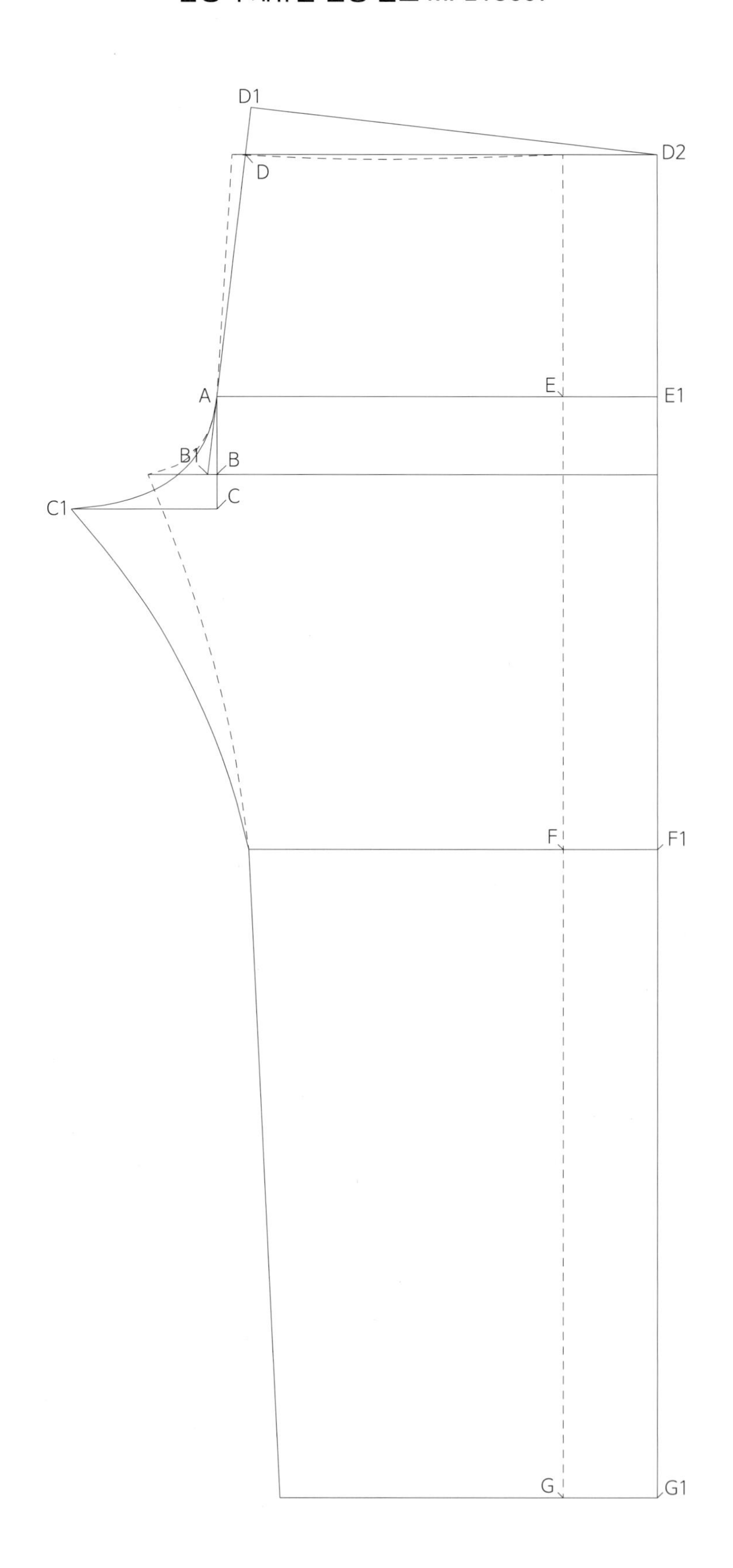

A-B	5	
B-B1	0.6	
B1-A	직선 연결	뒤 중심선을 그린다
B-C	2.2	
C-C1	12.5	뒤 고마대 값
D-D1	5	
D1-D2	26	뒤허리 값
E-E1	6	뒤판 힙 값
F-F1	6	
G-G1	6	
D2-E1-F1-G1	와끼선을 직선으로 내려준다	

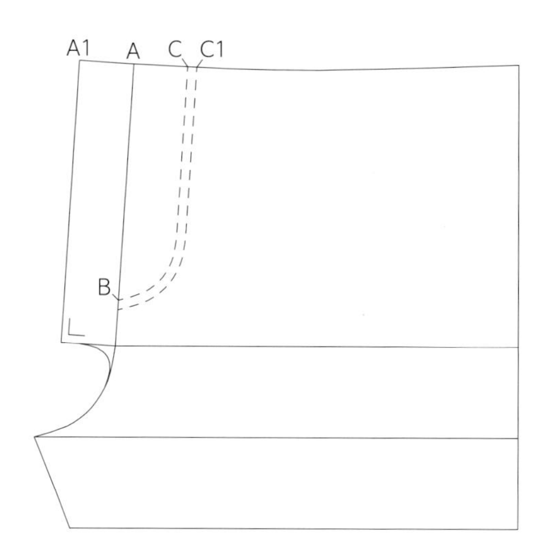

마이다데

A-B	13
A-A1	3
A-C	3
C-C1	0.5

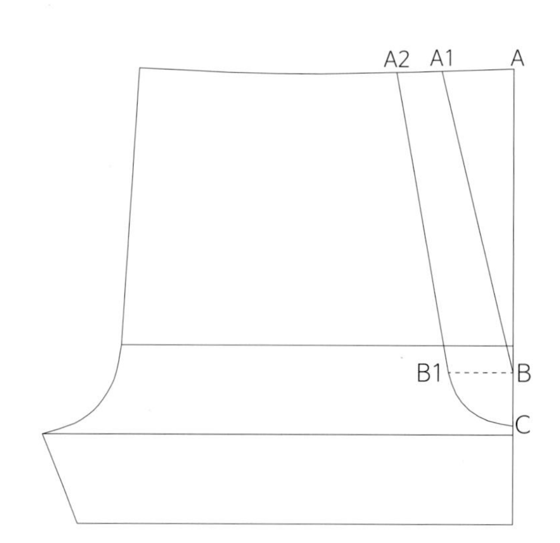

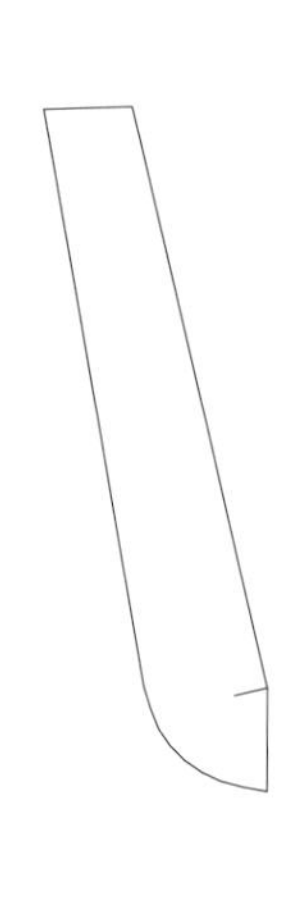

손등 묵가대

A-A1	4
A1-B	17
A1-A2	2.5
B-B1	3.5
B-C	3
B1-C	곡선 연결

남성복 캐쥬얼 밴딩 팬츠 MP21U007

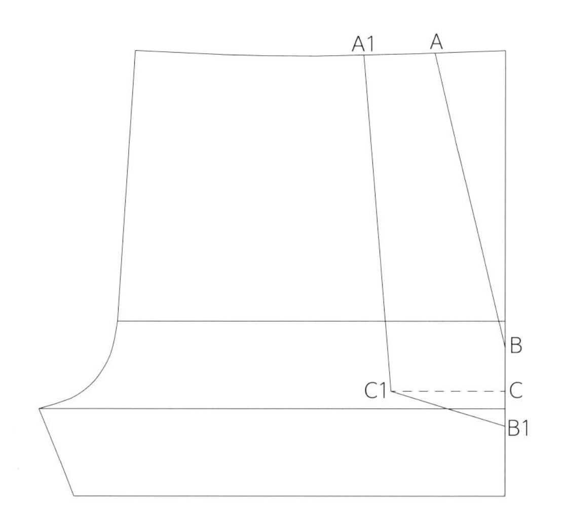

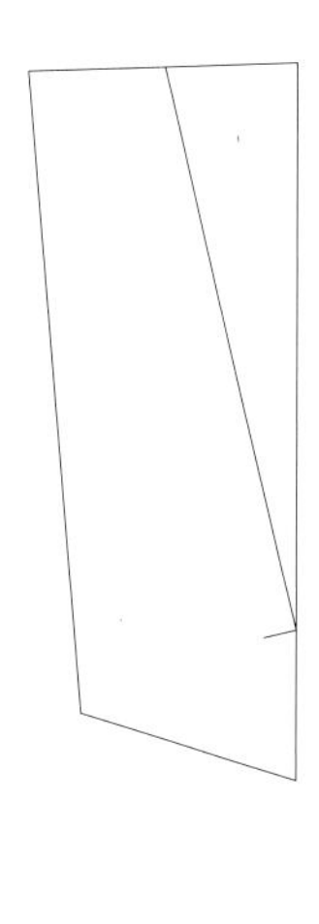

손바닥 묵가대

A-A1	4
B-C	2.5
C-C1	6.5
B-B1	4.5

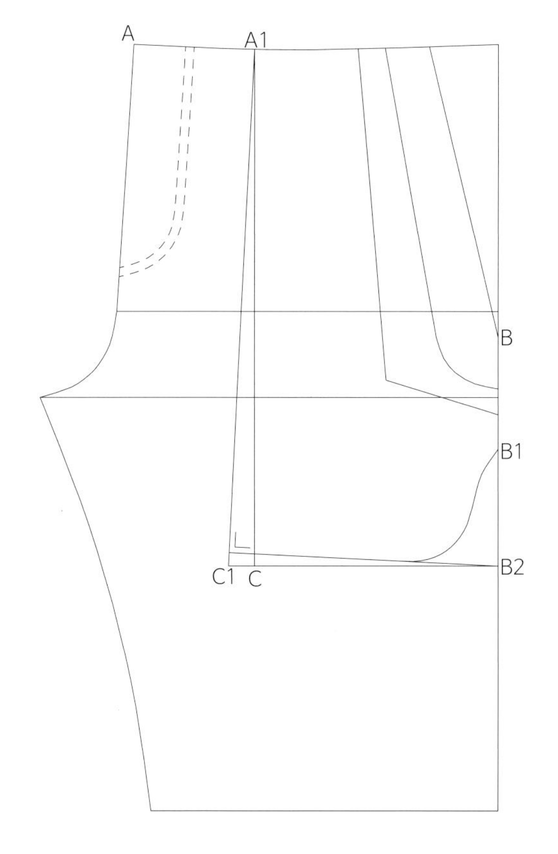

앞주머니 TC감

A-A1	7
B-B1	6.5
B-B2	13.5
B2-C	직선 연결
C-C1	1.5

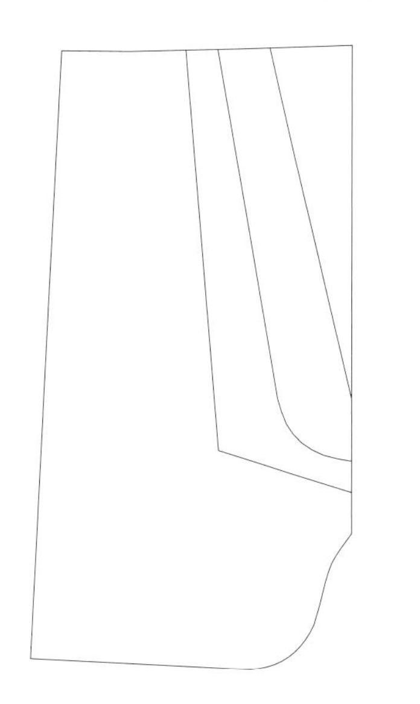

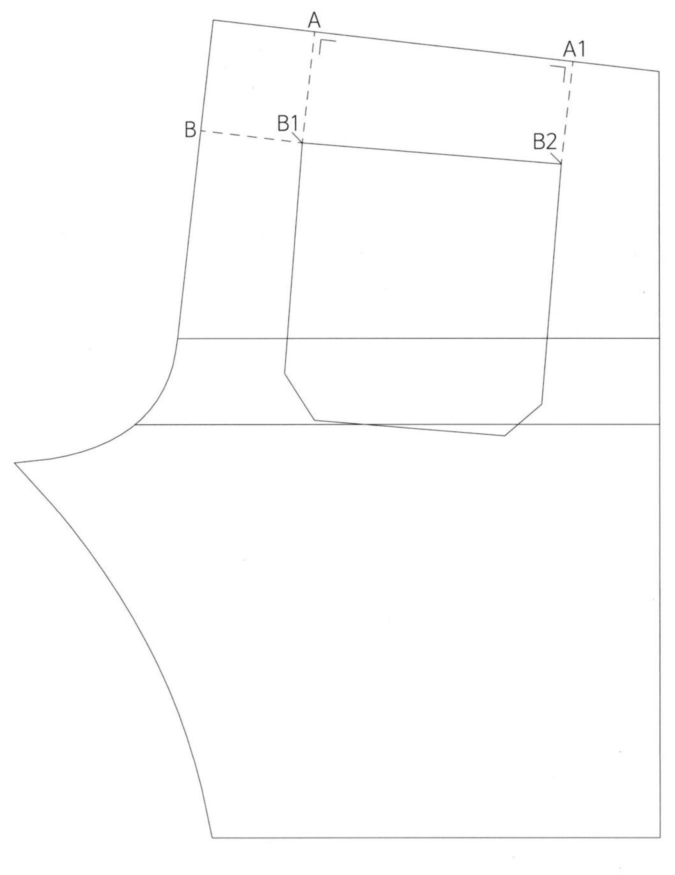

뒷주머니 위치

A-B1	6.5
B-B1	6
A1-B2	6

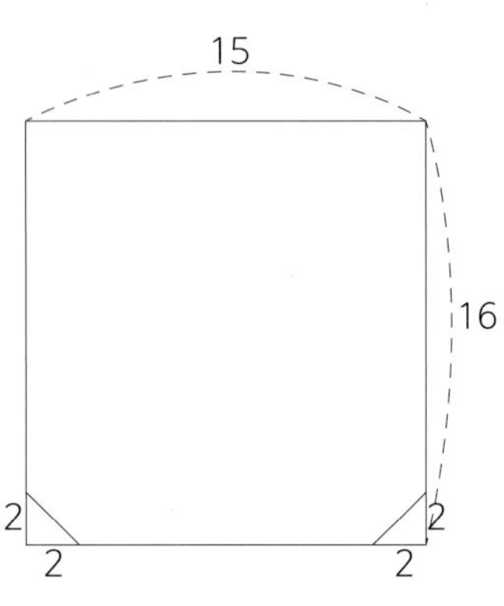

뒷주머니

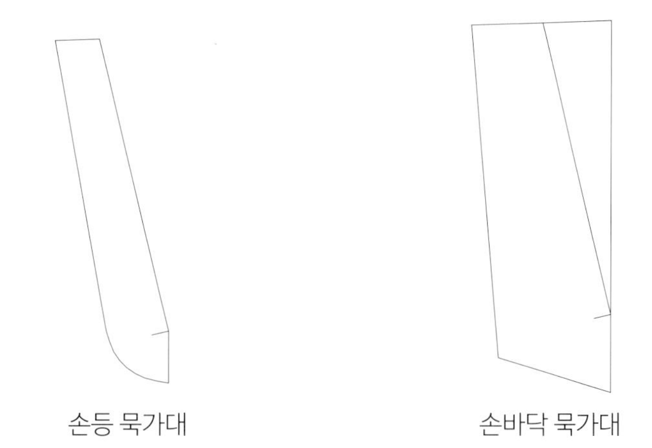

손등 묵가대　　　손바닥 묵가대

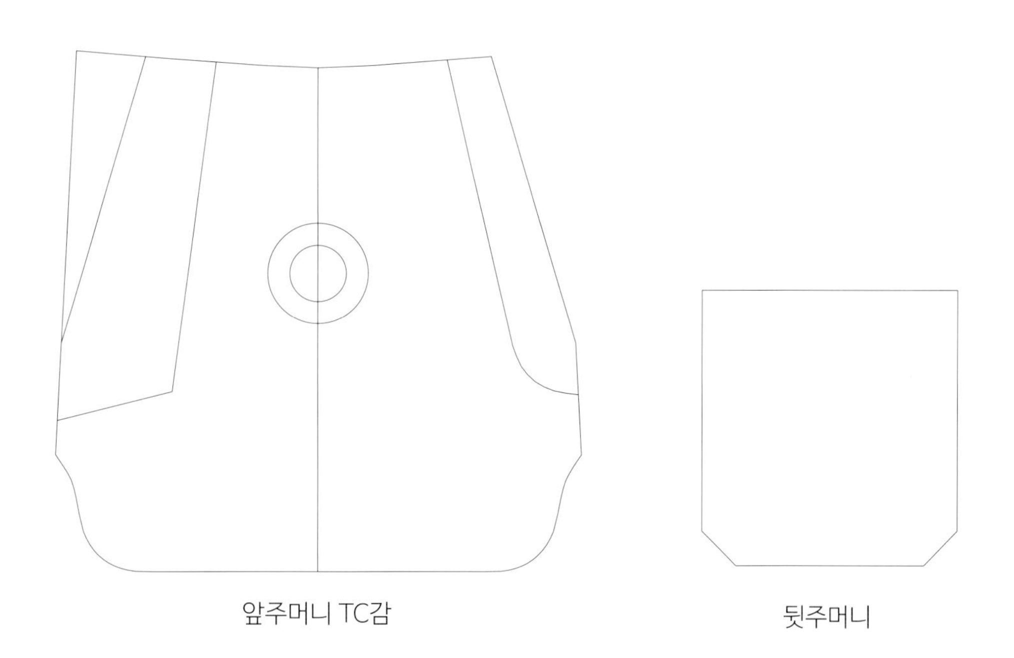

앞주머니 TC감　　　뒷주머니

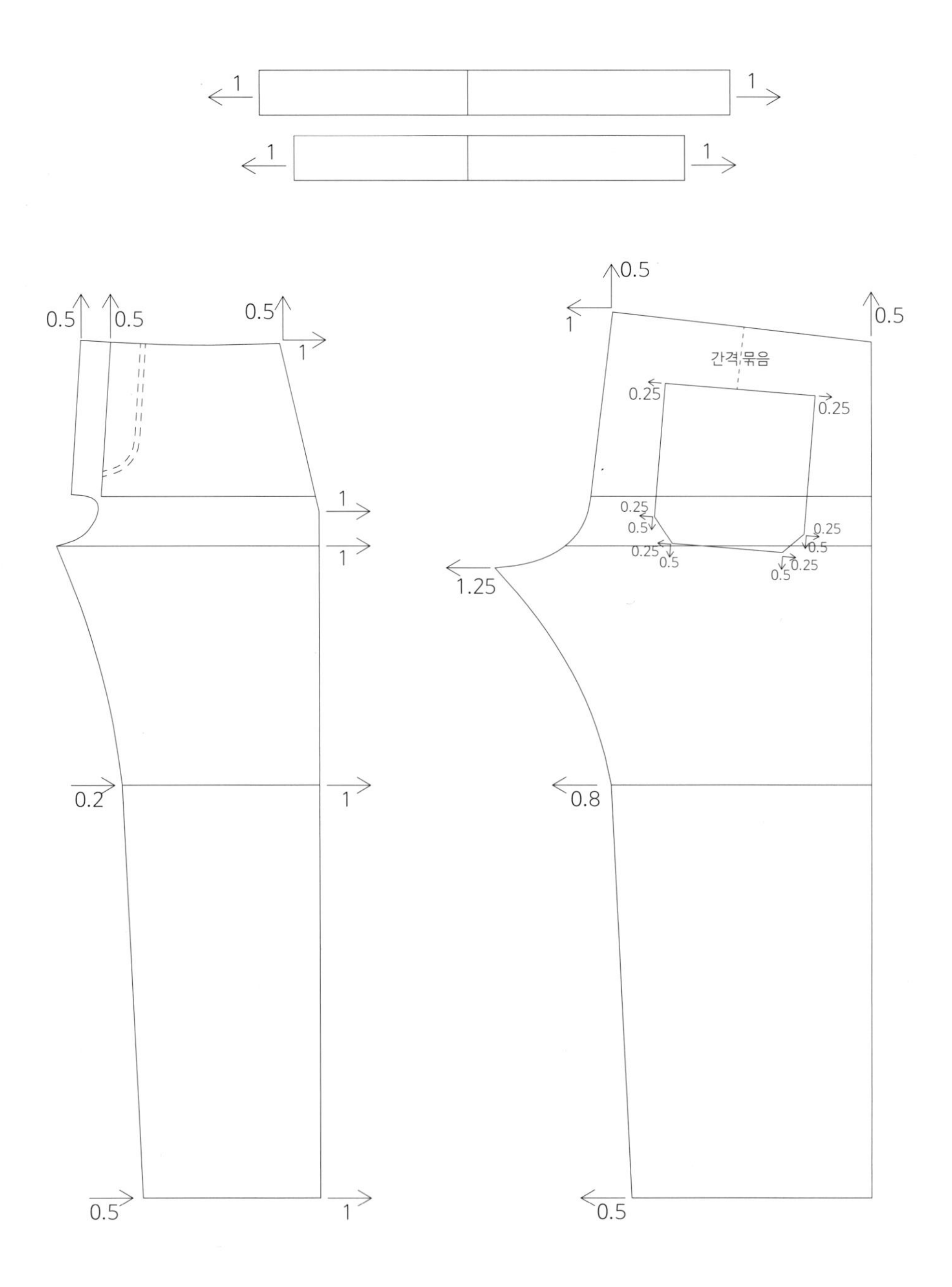
1
1
1
1
0.5
0.5
0.5
1
1
1
0.2
1
0.5
1
0.5
1
0.5
간격 묶음
0.25
0.25
0.25
0.5
0.25
0.5
0.25
0.5
0.5
0.25
1.25
0.8
0.5

그레이딩

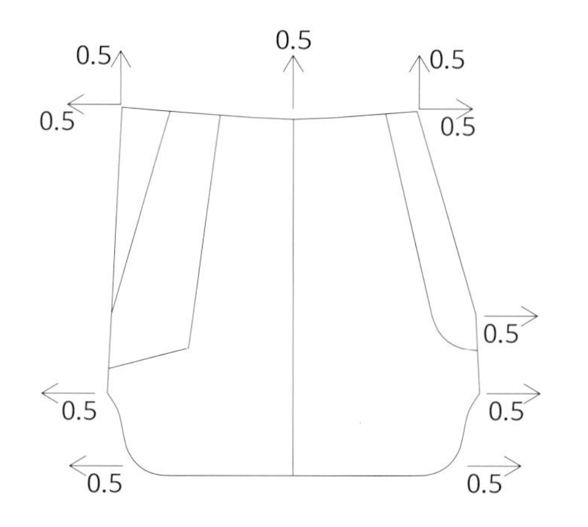
0.5
0.5
0.5
0.5
0.5
0.5
0.5
0.5
0.5
0.5
0.5

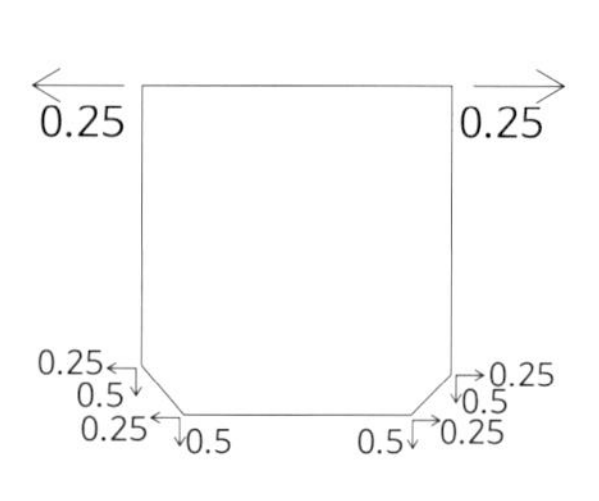
0.25
0.25
0.25
0.5
0.25
0.5
0.25
0.5
0.5
0.25

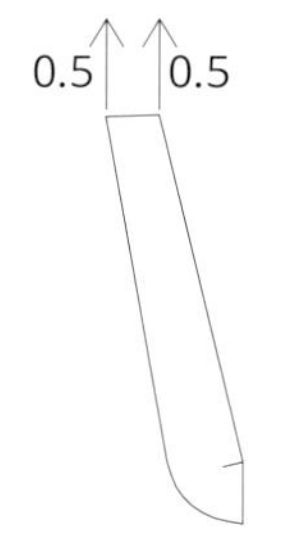
0.5
0.5

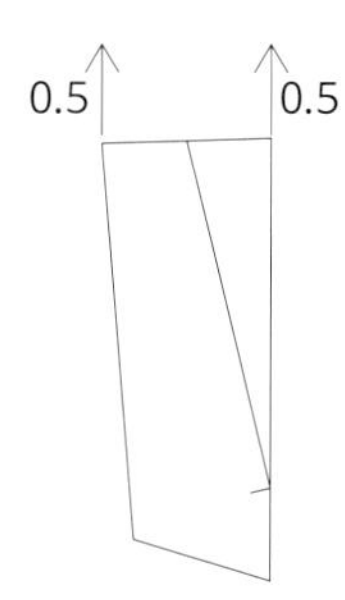
0.5
0.5

그레이딩

남성복 캐쥬얼 밴딩 팬츠 MP21U007

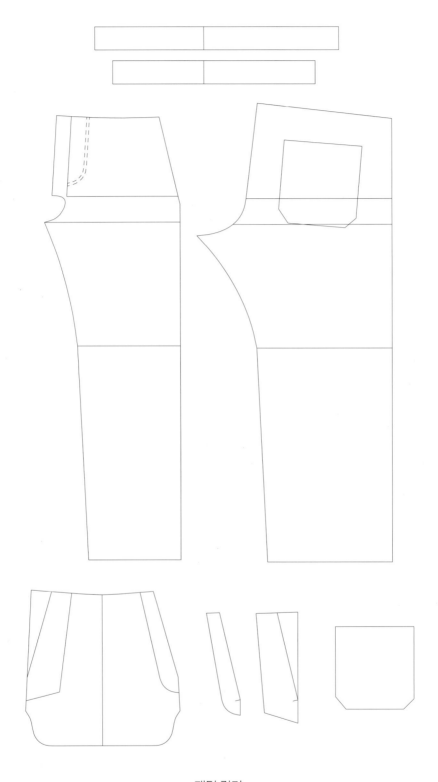

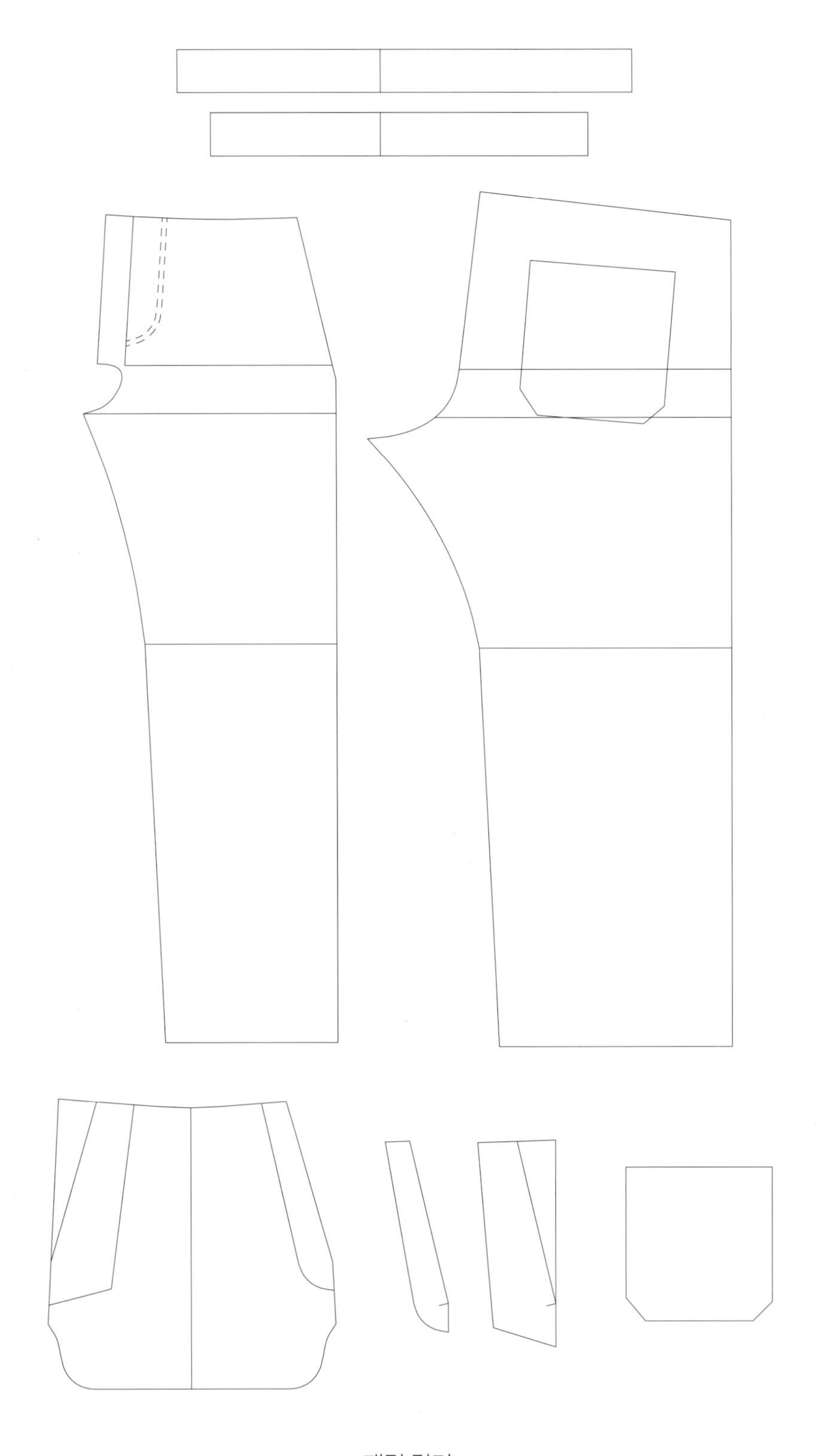

패턴 정리

남성복 와이드핏 테이퍼드 진 MP21U006

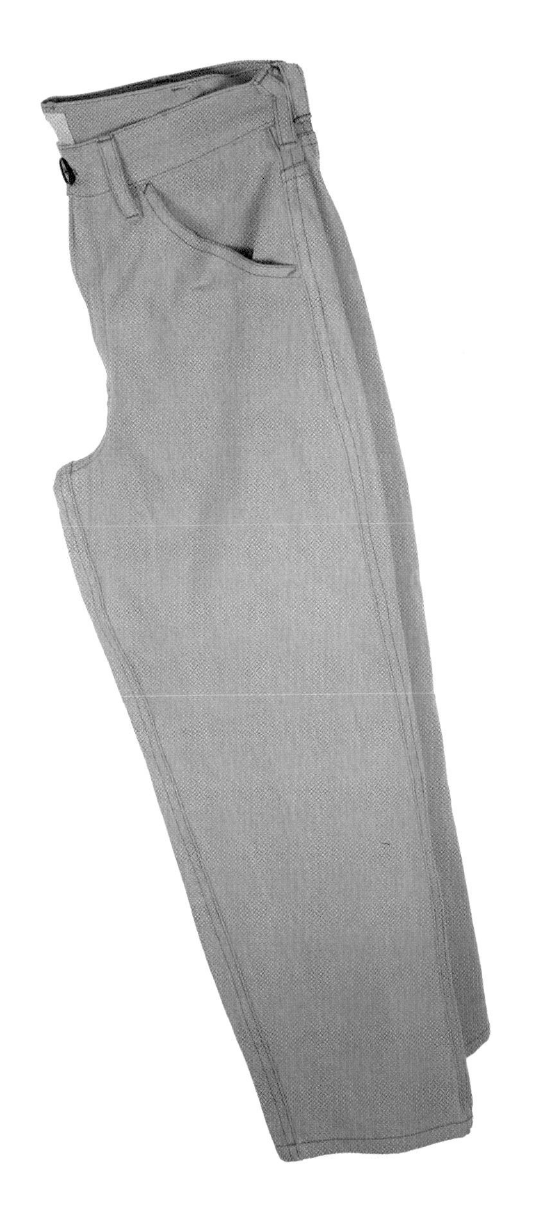

패턴사이즈 (단위:cm)	MP21U006							
허리 둘레	72	76	80	84	88	92	96	100
엉덩이 둘레	93	97	101	105	109	113	117	121
밑단 단면	37.5	38	38.5	39	39.5	40	40.5	41
총장	93	93.5	94	94.5	95	95.5	96	96.5

※ 허리둘레는 원단두께에 따라, 패턴사이즈보다 1cm~2.5cm 작아질 수 있습니다.(내외경차)

※ 인체 누드치수에서 적당한 여유가 있어야 합니다.

남성복 와이드핏 테이퍼드 진 MP21U006

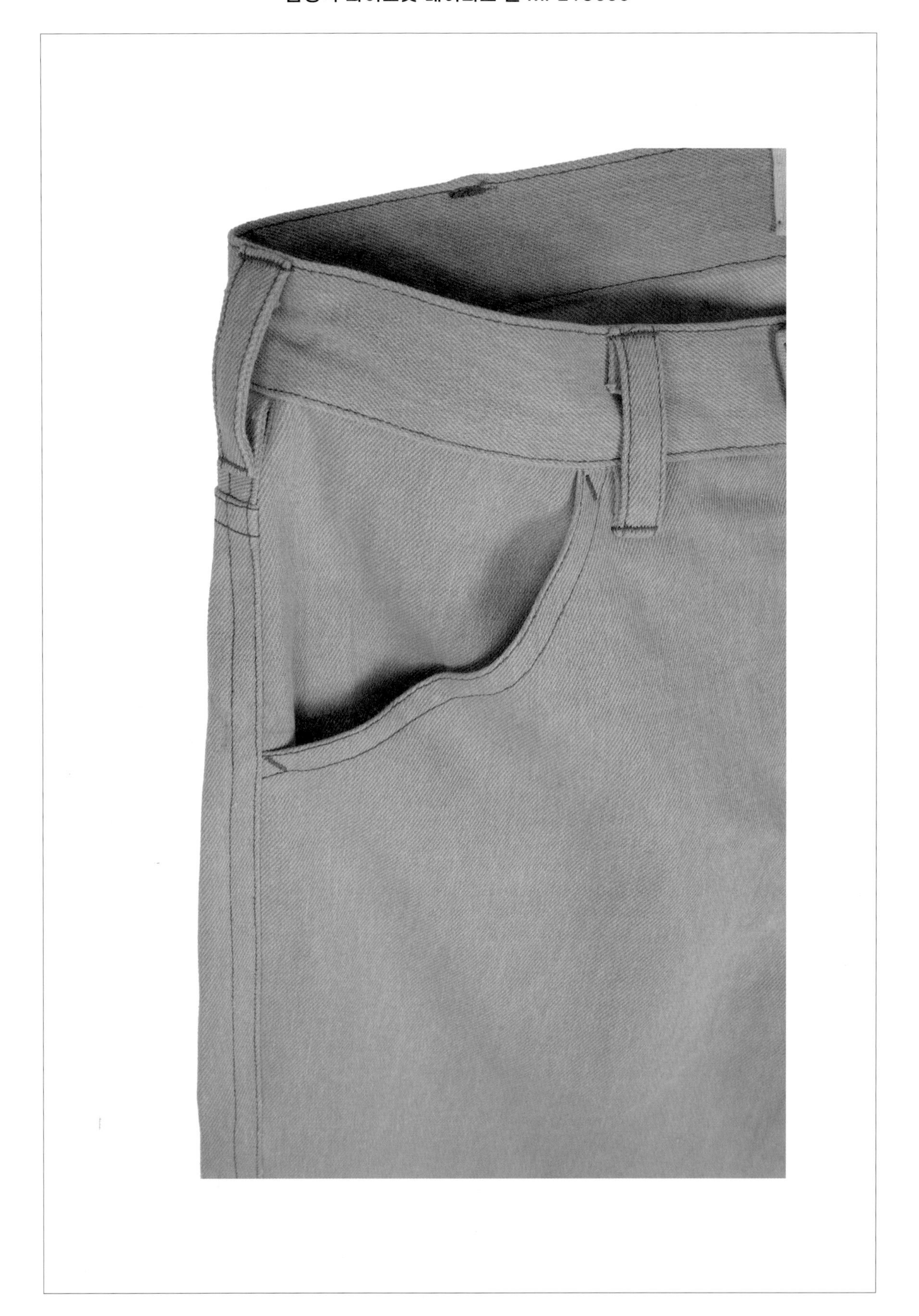

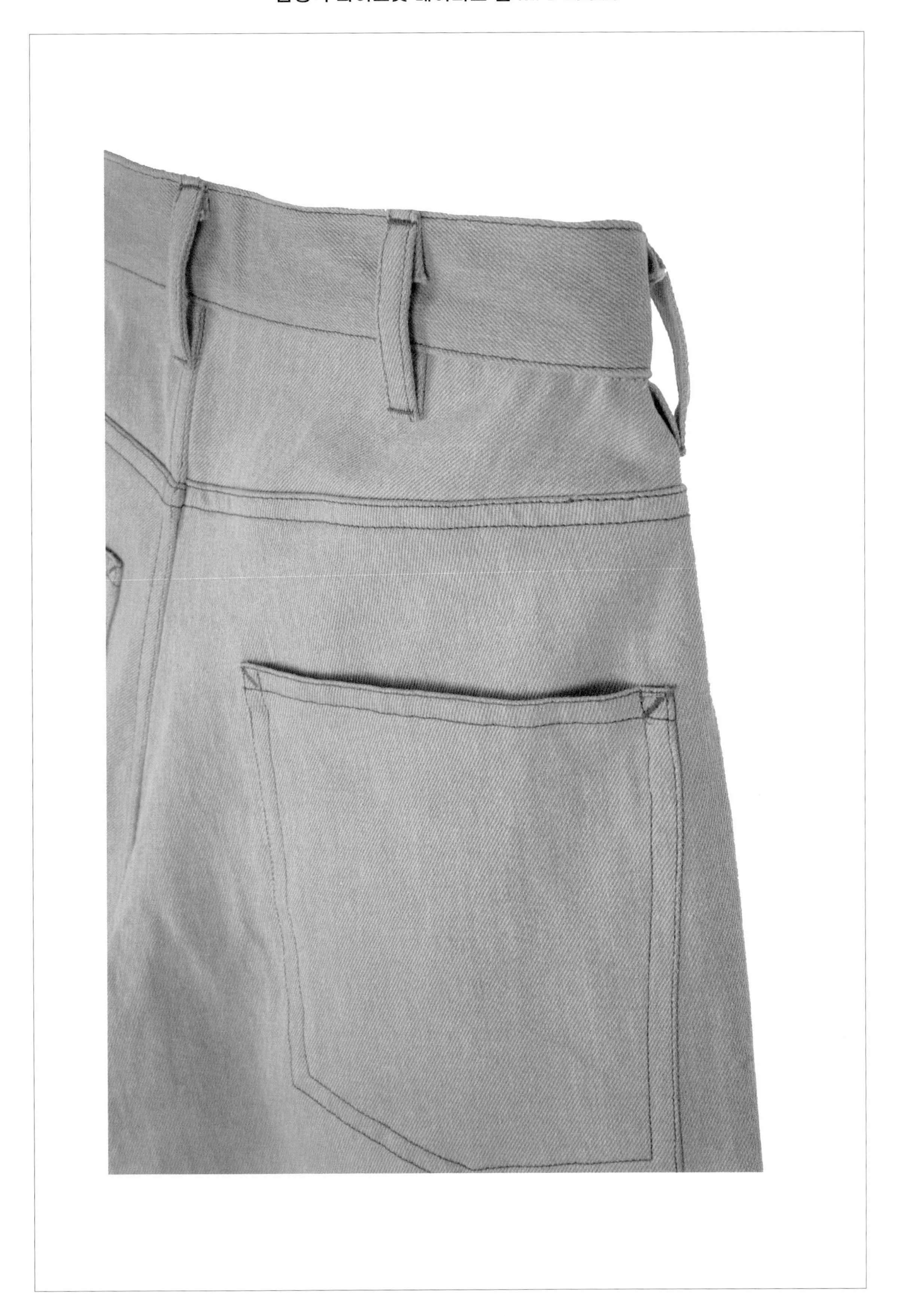

남성복 와이드핏 테이퍼드 진 MP21U006

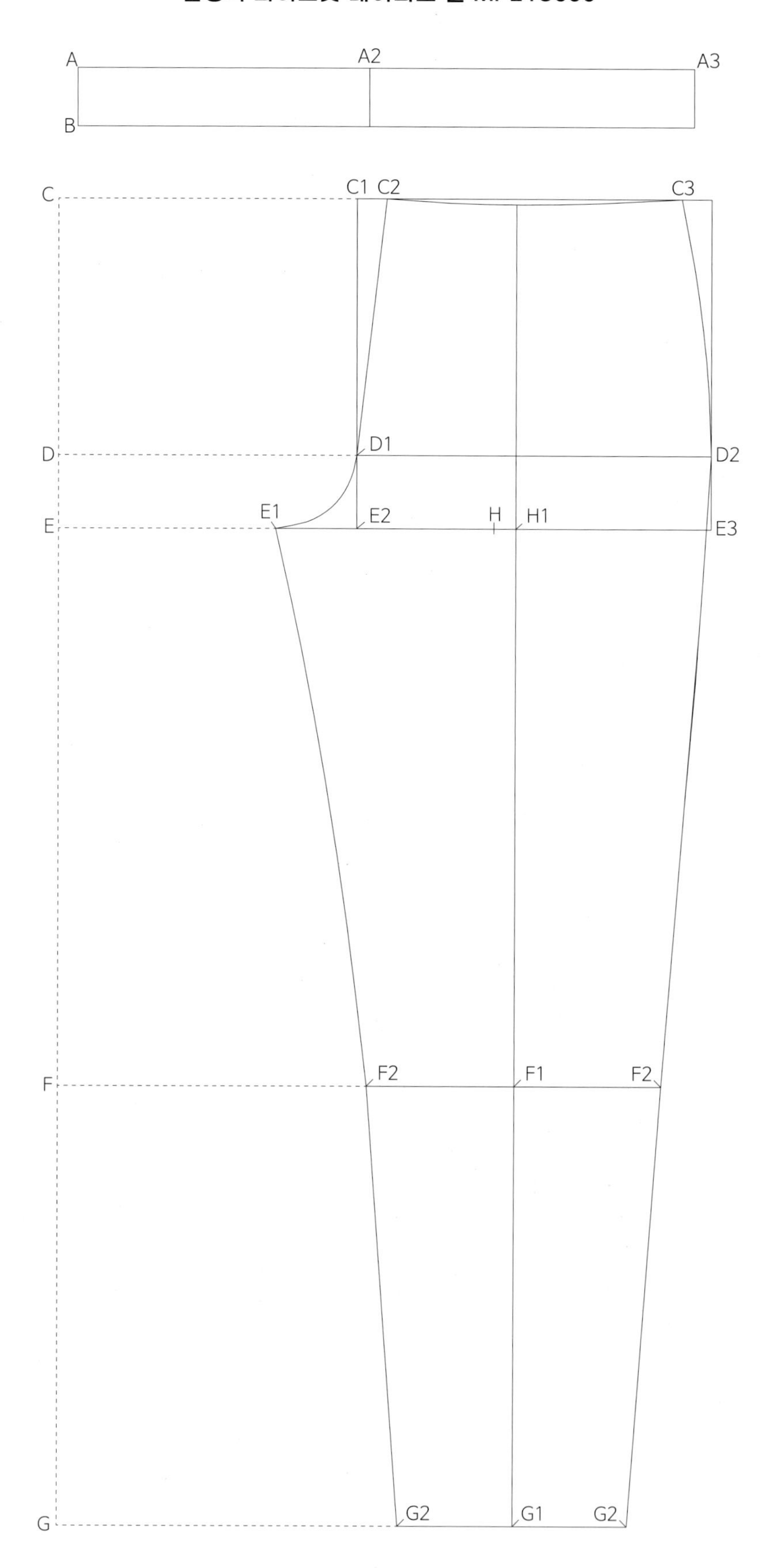

남성복 와이드핏 테이퍼드 진 MP21U006

A-B	4	오비 폭
A-A2	20	앞허리 값
A2-A3	22	뒤허리 값
C-D	17.5	
D-E	5	
E-F	38	
F-G	30	
D1-D2	24	앞판 힙 값
E1-E2	5.5	앞 고마대 값
C1-C2	2	
C2-C3	20	앞 허리 값
H	E1-E3 의 중간 점	
H-H1	1.5	H1에서 위아래 수직으로 레직기 선을 그려준다
G1-G2	7.8	
F1-F2	10	

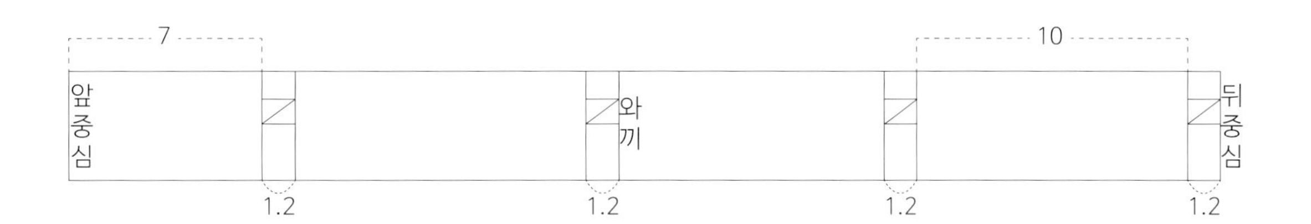

벨트고리

남성복 와이드핏 테이퍼드 진 MP21U006

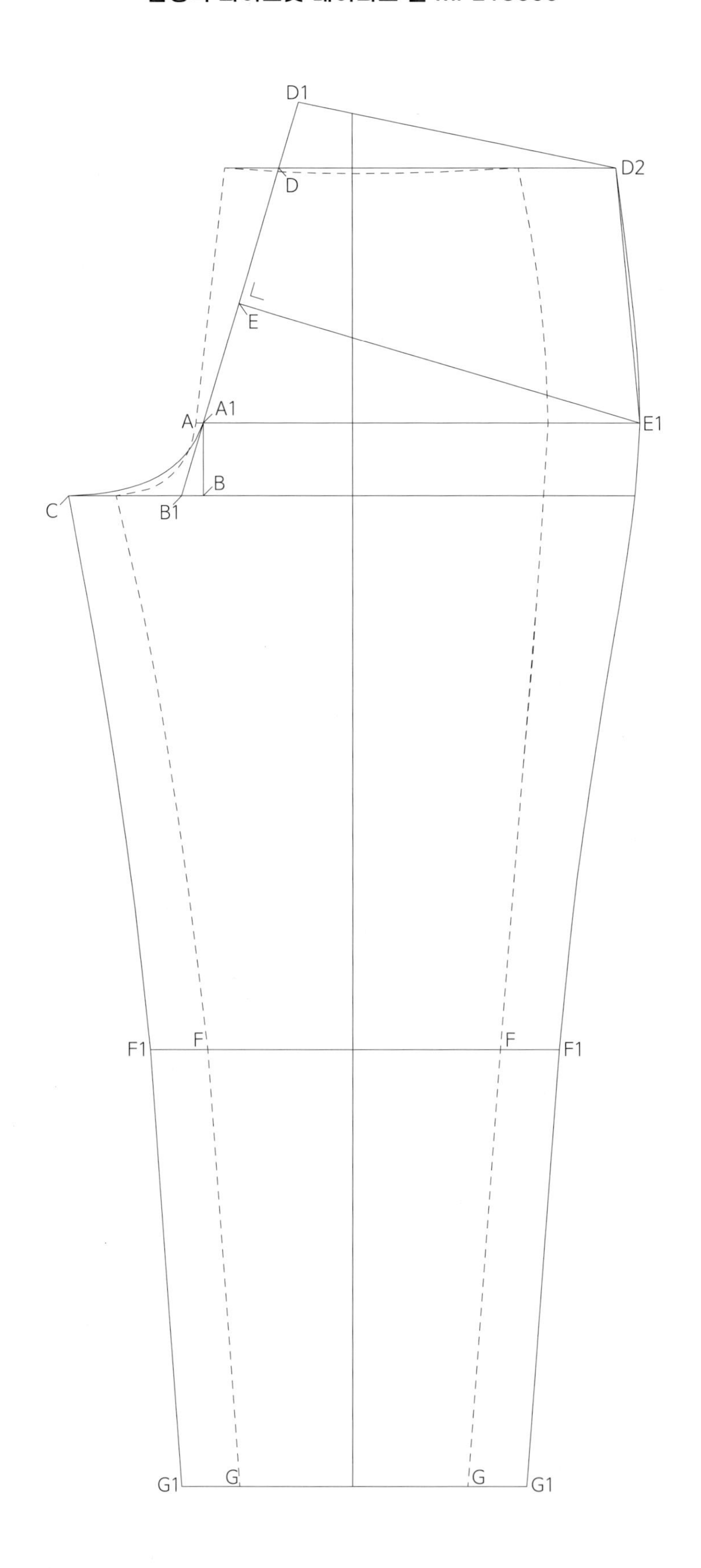

A-A1	0.5	
A1-B	5	수직으로 내림
B-B1	1.5	
B1-A1	직선 연결	뒤 중심선을 그린다
B-C	9.3	뒤 고마대 값
D-D1	4.5	
D1-D2	22	뒤허리 값
E-E1	28.5	뒤판 힙 값
F-F1	4	
G-G1	4	

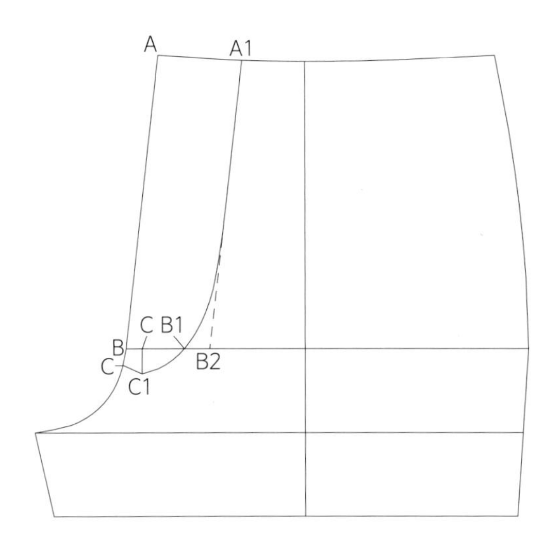

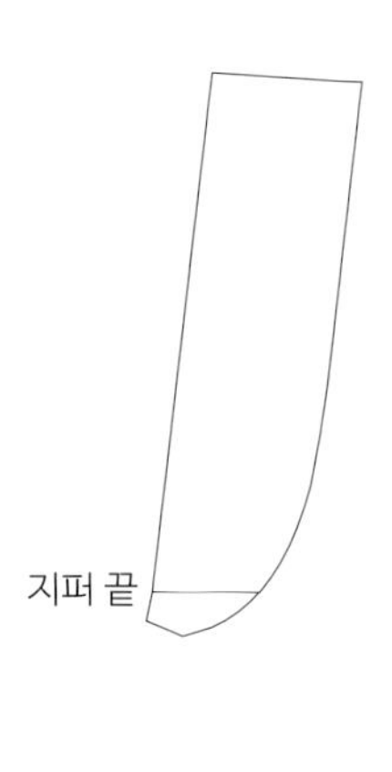

마이다데

B	지퍼 끝
A-A1	5
B-B2	5
B-B1	3.5
B-C	1
C-C1	1.5

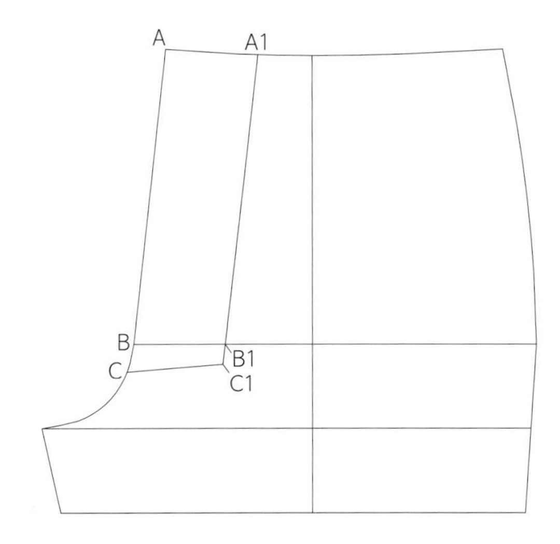

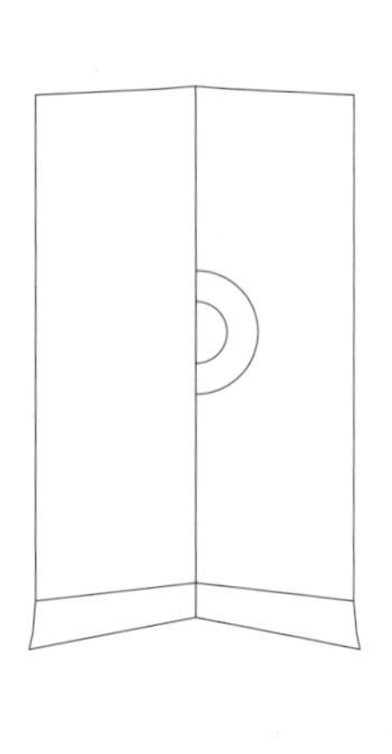

뎅고

B	지퍼 끝
A-A1	5.5
B-C	1.7
B1-C1	1.2
C-C1	직선 연결

남성복 와이드핏 테이퍼드 진 MP21U006

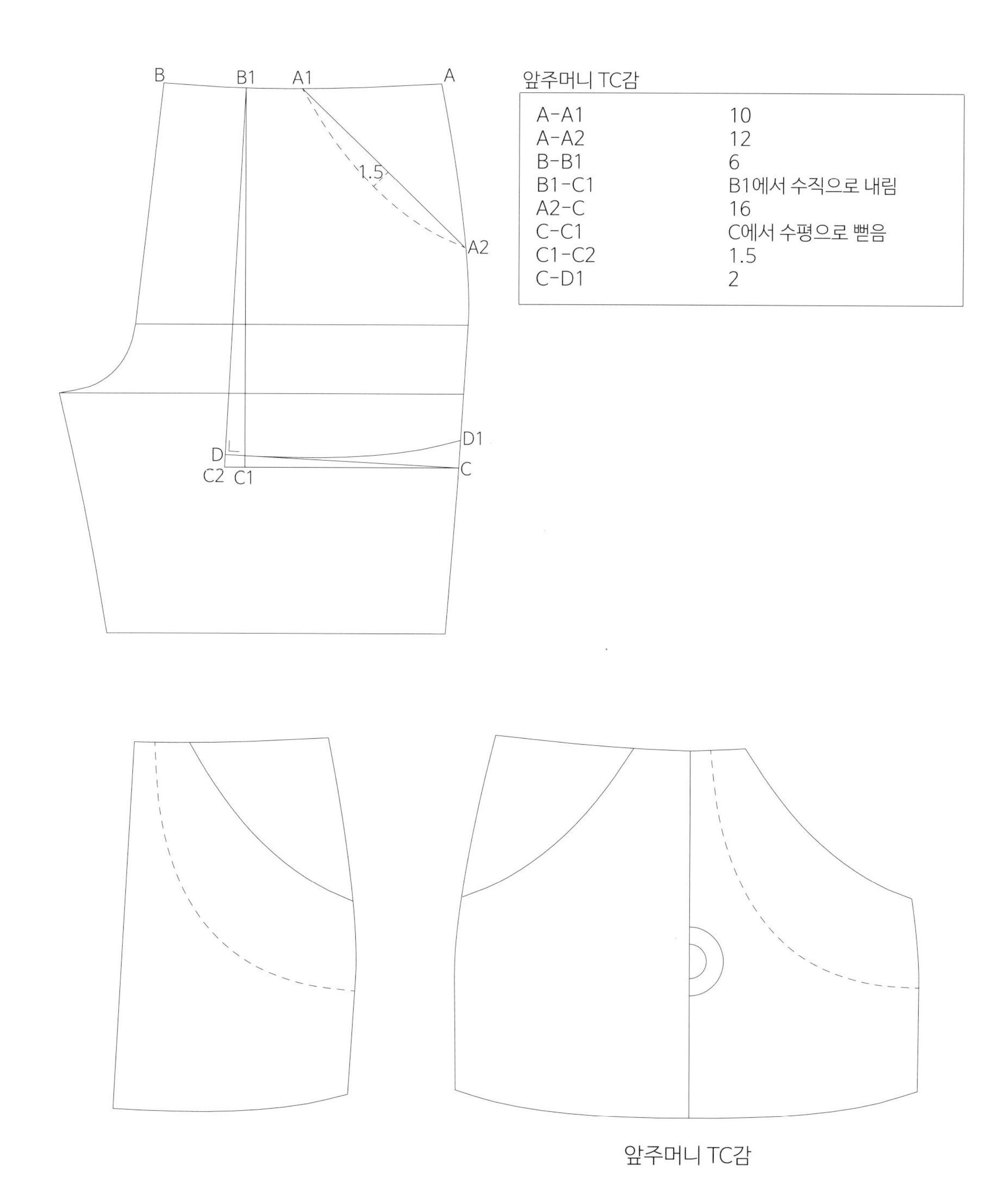

앞주머니 TC감

A-A1	10
A-A2	12
B-B1	6
B1-C1	B1에서 수직으로 내림
A2-C	16
C-C1	C에서 수평으로 뻗음
C1-C2	1.5
C-D1	2

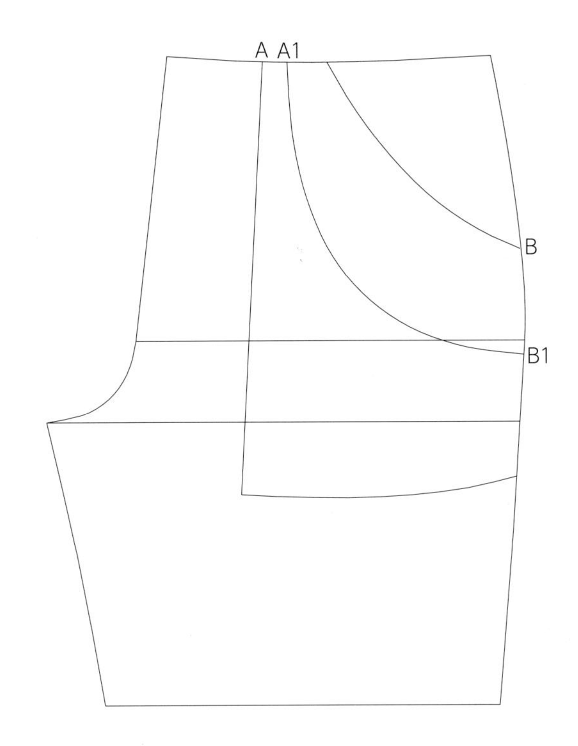

앞주머니 묵가대

A-A1	1.5
B-B1	6.5

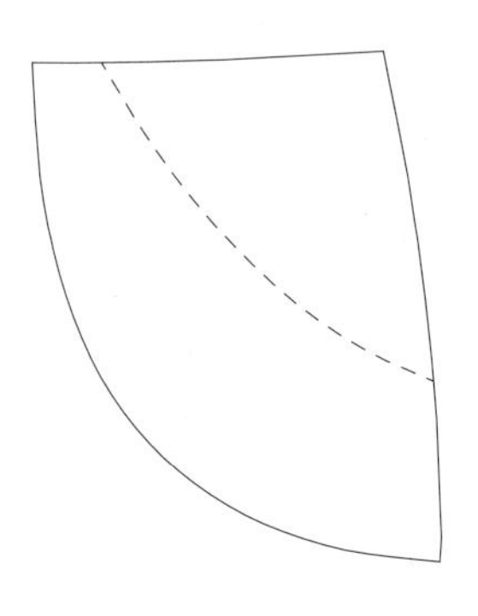

앞주머니 묵가대

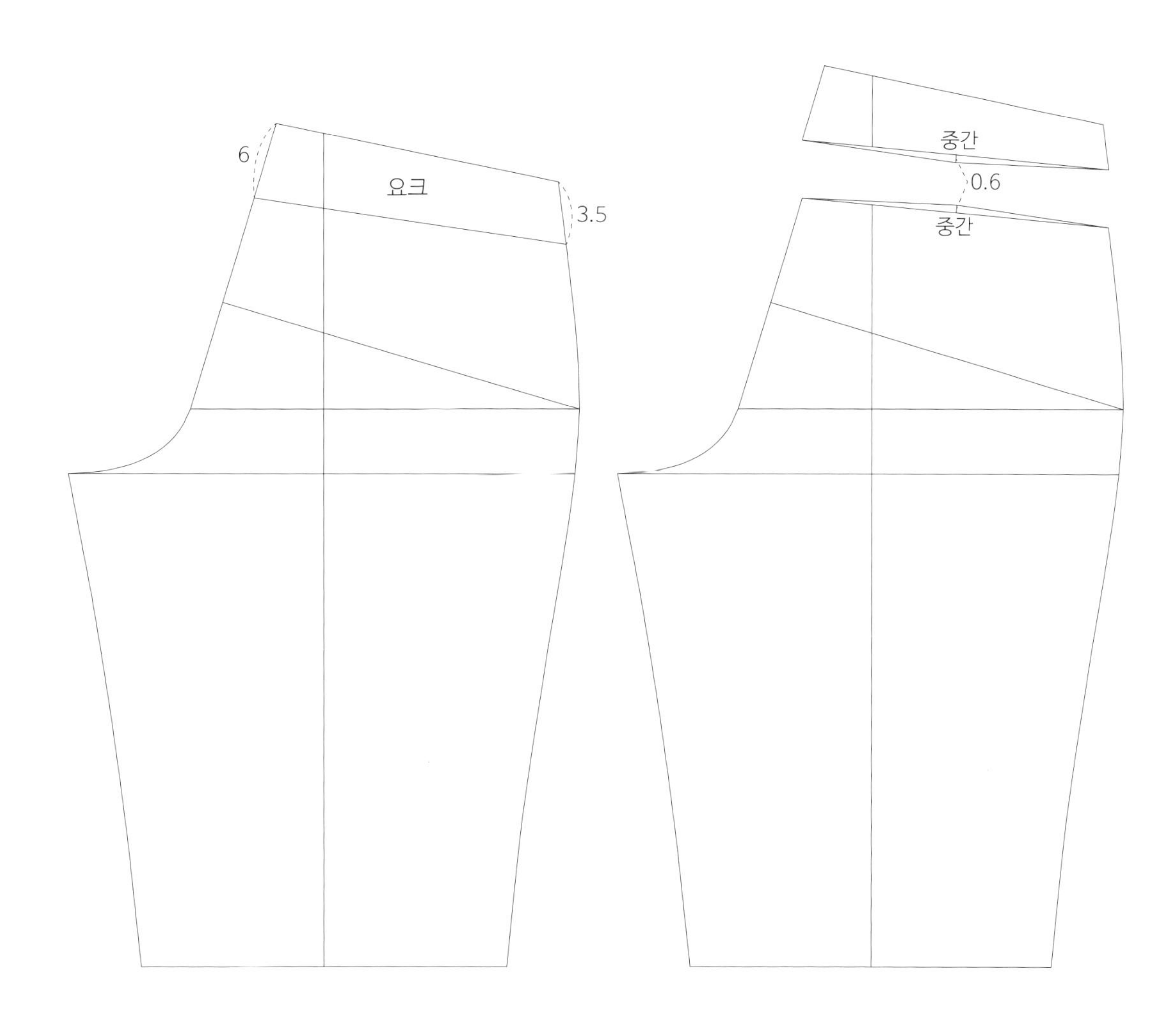

뒤판 요크 입체 부여

5.3
4.5
4.5

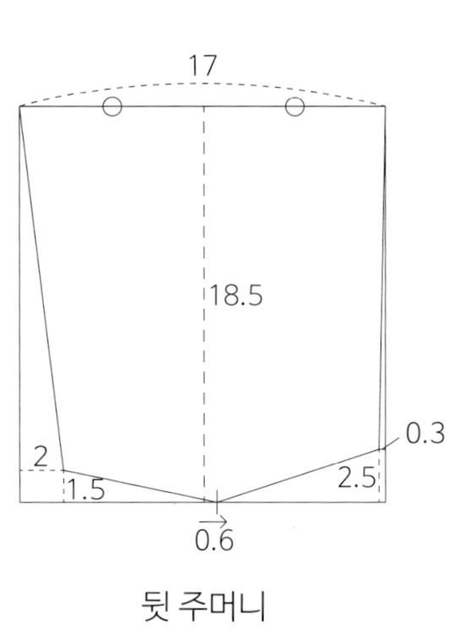
17
18.5
0.3
2
1.5
2.5
0.6
뒷 주머니

남성복 와이드핏 테이퍼드 진 MP21U006

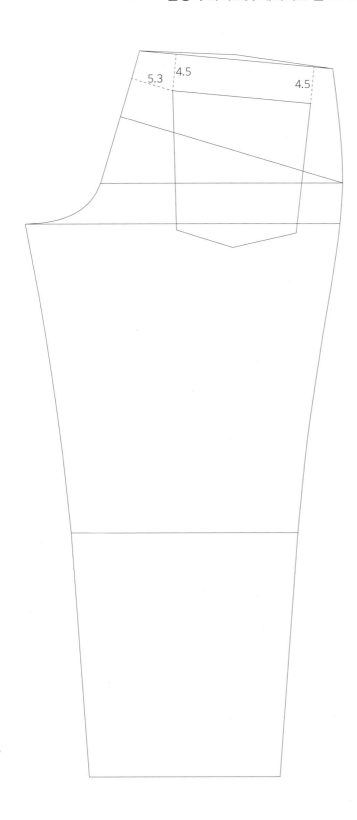

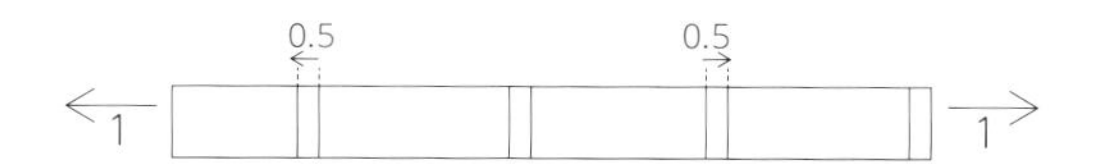

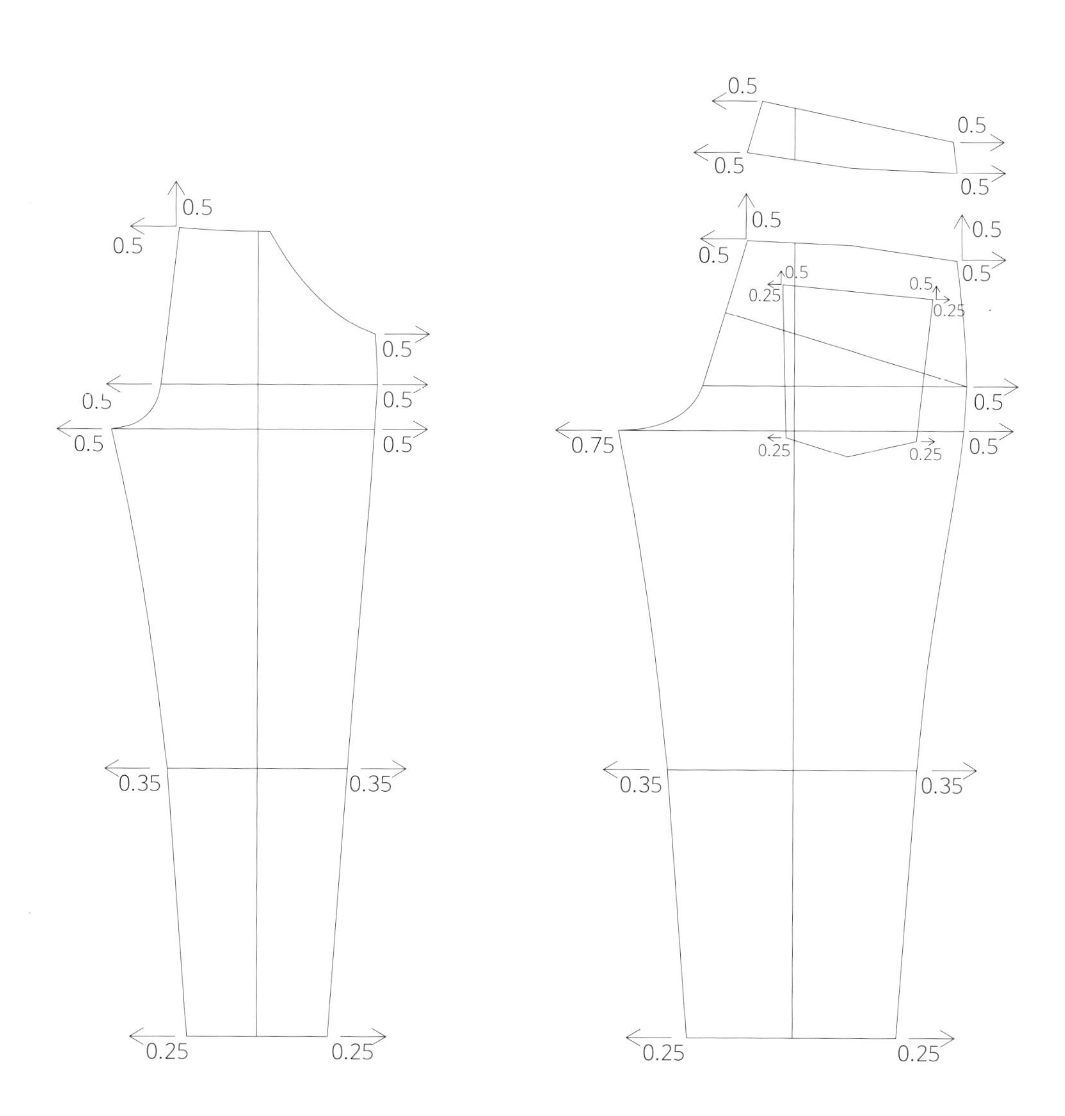

그레이딩

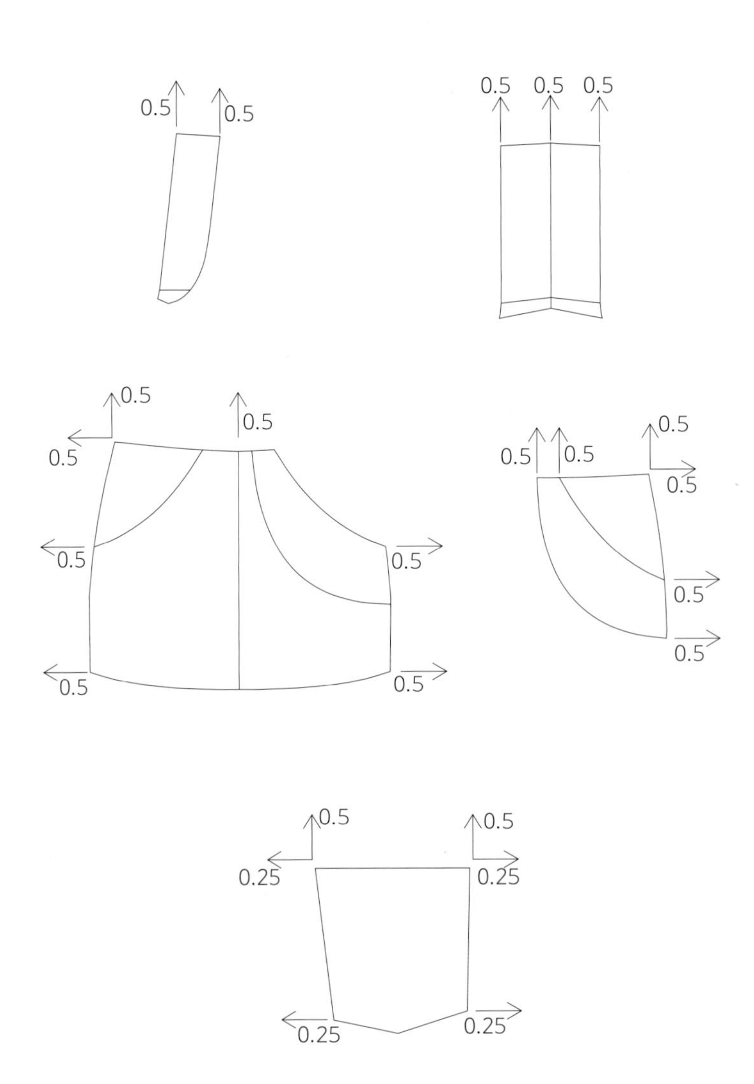
0.5
0.5
0.5
0.5
0.5
0.5
0.5
0.5
0.5
0.5
0.5
0.5
0.5
0.5
0.5
0.5
0.5
0.5
0.5
0.5
0.5
0.5
0.5
0.5
0.5
0.5
0.25
0.25
0.25
0.25

그레이딩

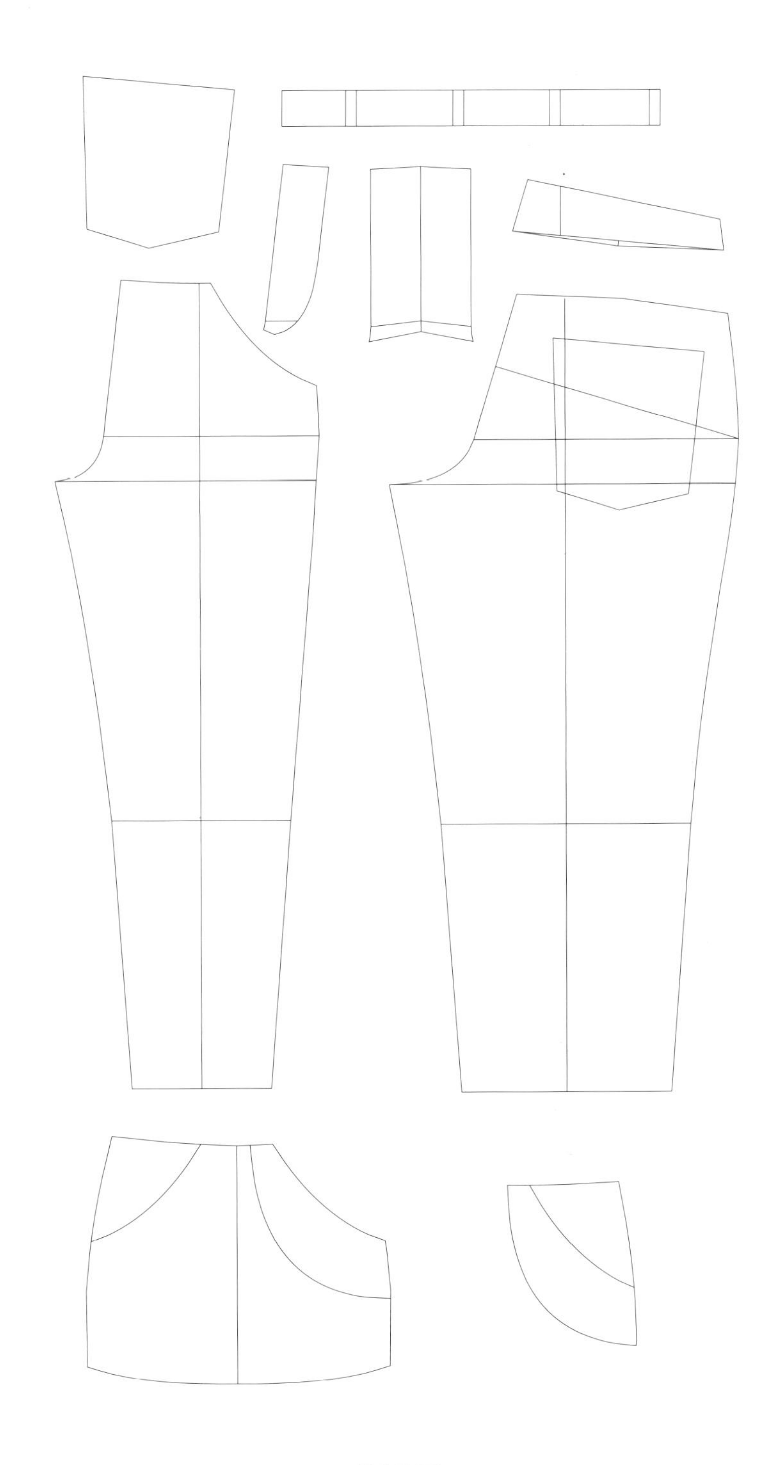

패턴 정리

남성복 기본 일자핏 데님 바지 MP21U_J001

패턴사이즈 (단위:cm)	MP21U_J001							
허리 둘레	71.5	75.5	79.5	83.5	87.5	91.5	95.5	99.5
엉덩이 둘레	95	99	103	107	111	115	119	123
밑단 단면	20.5	21	21.5	22	22.5	23	23.5	24
총장	108.5	109	109.5	110	110.5	111	111.5	112

※ 허리둘레는 원단두께에 따라, 패턴사이즈보다 1cm~2.5cm 작아질 수 있습니다.(내외경차)

※ 인체 누드치수에서 적당한 여유가 있어야 합니다.

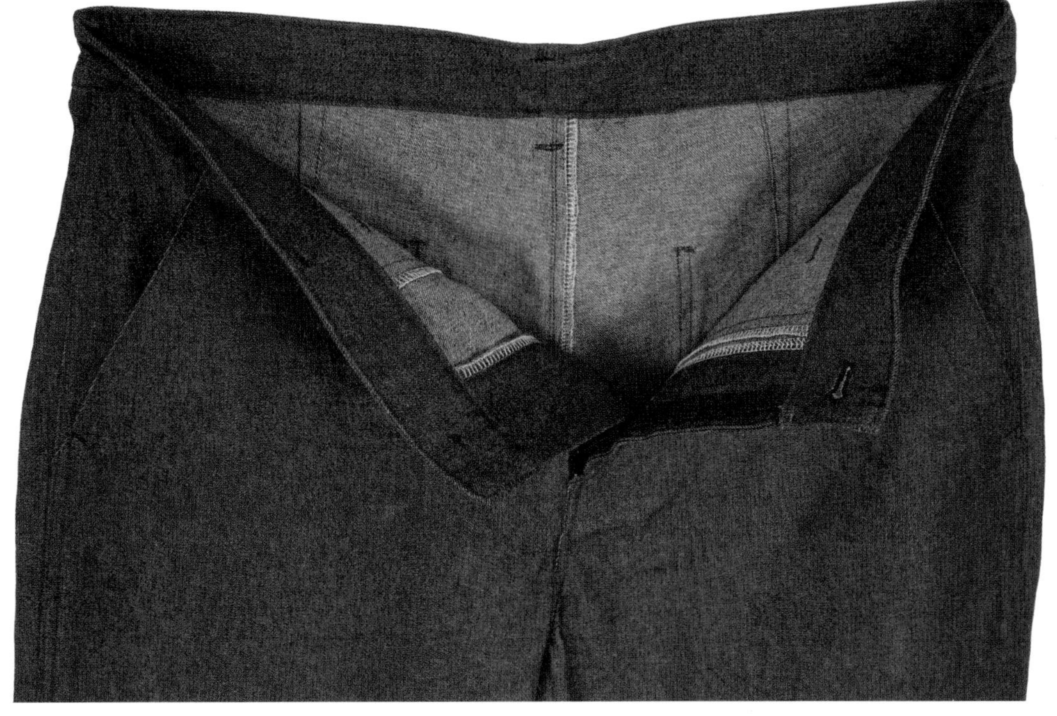

남성복 기본 일자핏 데님 바지 MP21U_J001

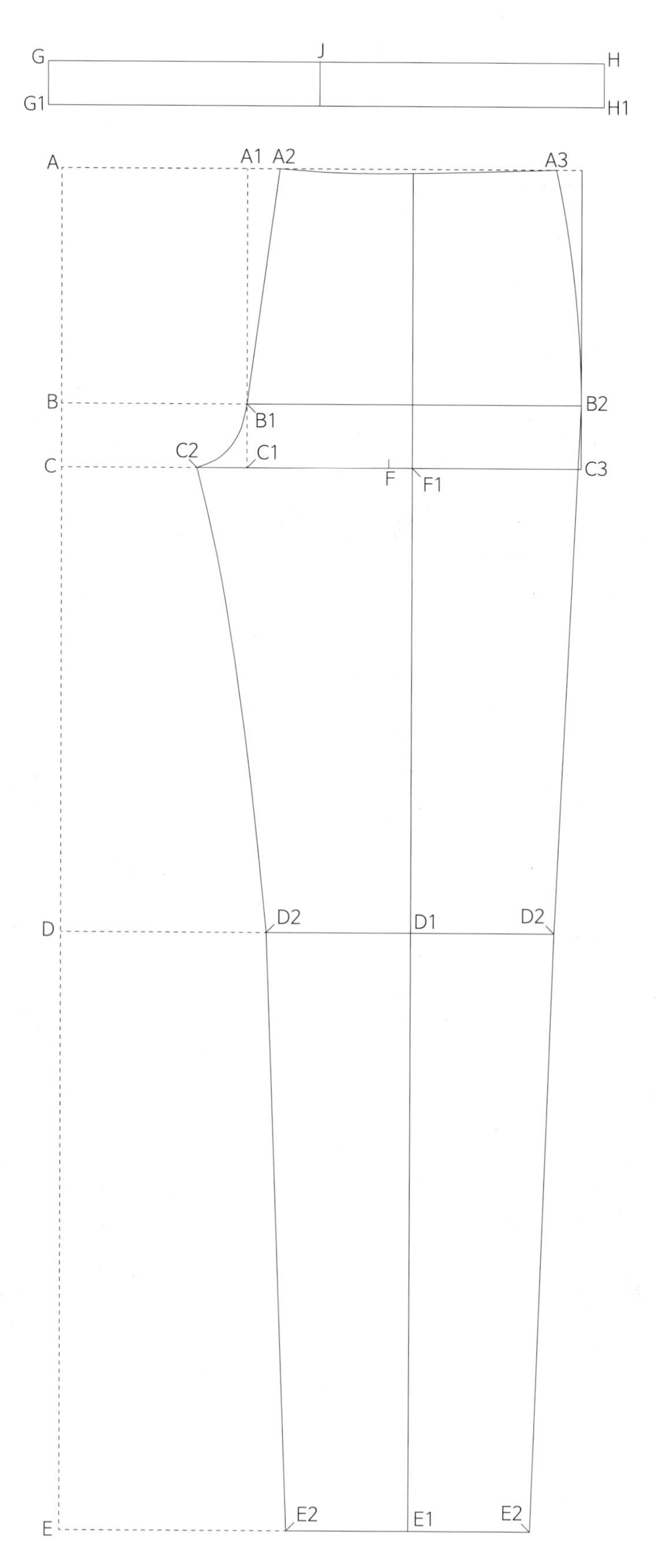

남성복 기본 일자핏 데님 바지 MP21U_J001

G-G1, H-H1	3.5	오비 폭
G-J	21.5	앞허리 값
J-H	22.25	뒤허리 값
A-B	18.5	
B-C	5	
C-D	36.5	
D-E	47	
A1-A2	2.5	
B1-B2	26	앞판 힙 값
A2-A3	21.5	앞허리
C1-C2	4	앞 고마대 값
C3	B2에서 수직으로 내린 점	
F	C2-C3 의 중간 점	
F-F1	1.8	F1에서 위아래 수직으로 레직기 선을 그려준다
D1-D2	11.2	
E1-E2	9.5	

벨트고리 전체 5개

남성복 기본 일자핏 데님 바지 MP21U_J001

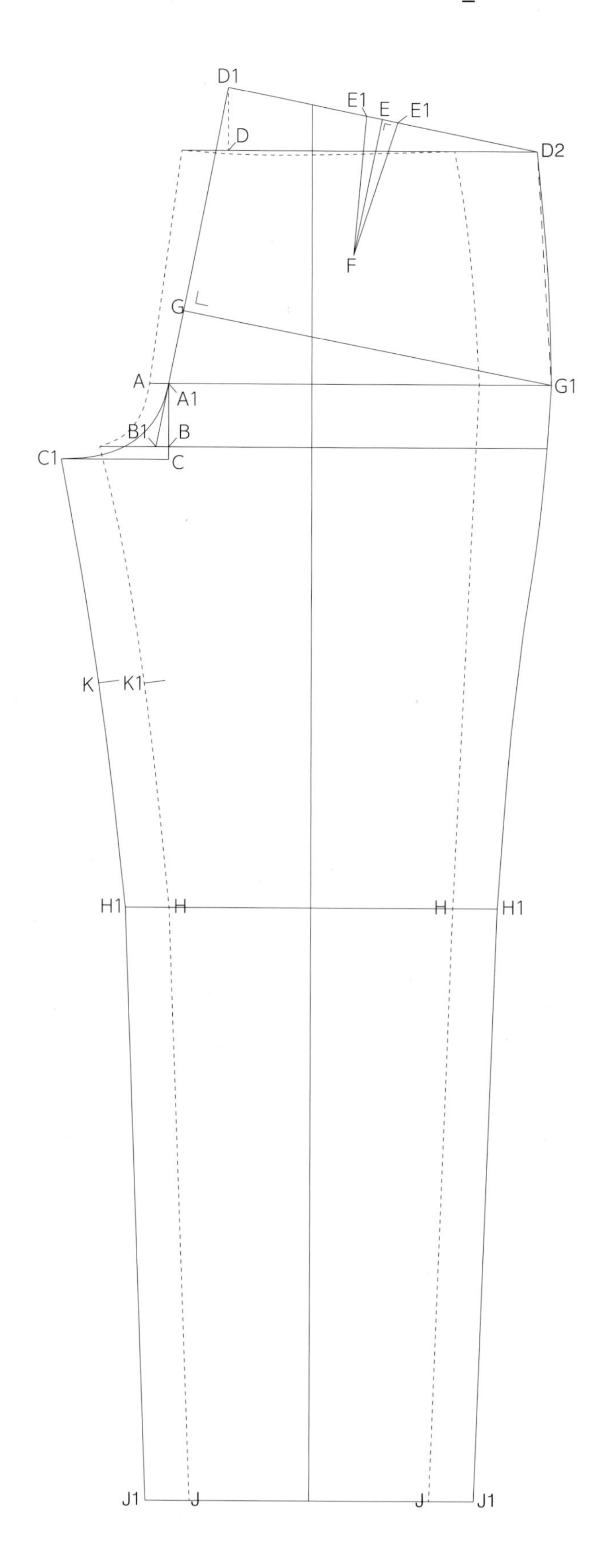

남성복 기본 일자핏 데님 바지 MP21U_J001

A-A1	1.5	
A1-B	5	
B-B1	1	
B1-A1	직선 연결	뒤 중심선을 그린다
B-C	1	
C-C1	8.5	
D-D1	5	
D1-D2	24.75	22.25(뒤허리) + 2.5(다트)
E	D1-D2 중간 점	
E-F	11	
E-E1	1.25	다트 값 2.5
G-G1	29.5	뒤판 힙 값
H-H1	3.5	
J-J1	3.5	
K	C1-H1 중간에 너치	K-H1 와 K1-H의 길이는 같다. C1-K 는 1cm 늘려 박는다

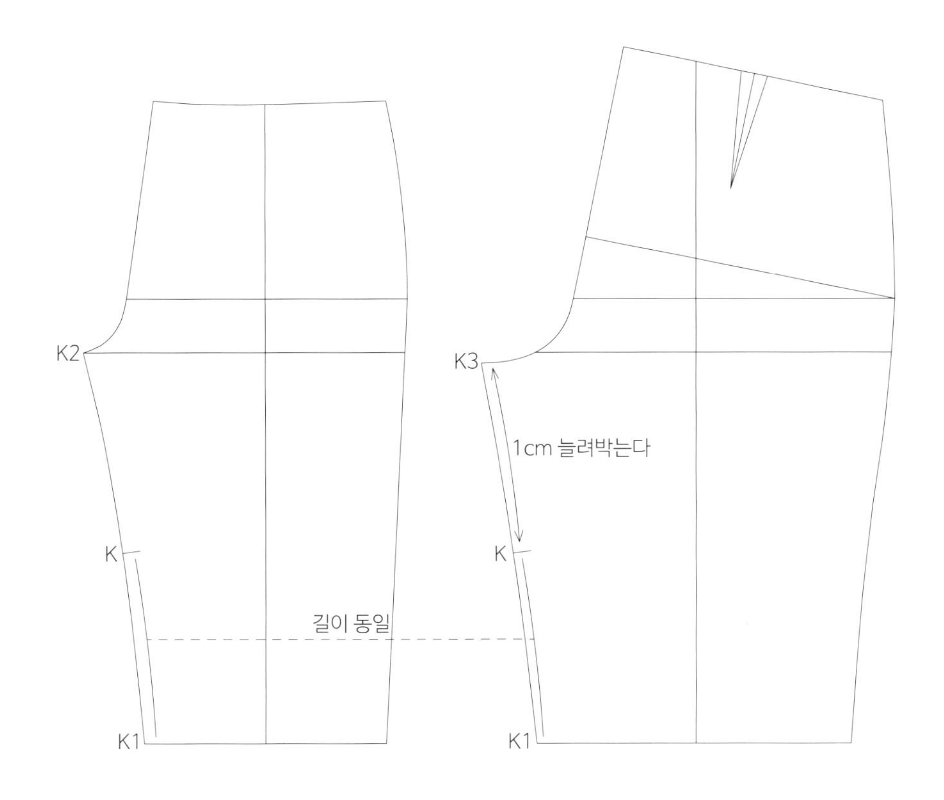

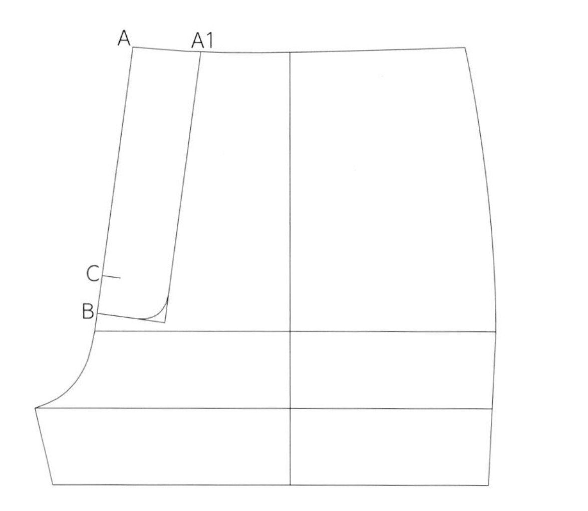

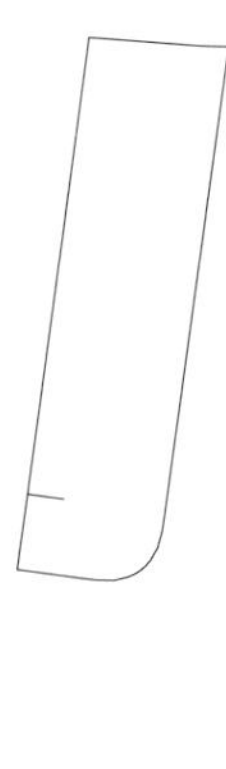

마이다데

A-A1	4.5	
A-B	17.5	
A-C	15	지퍼 끝

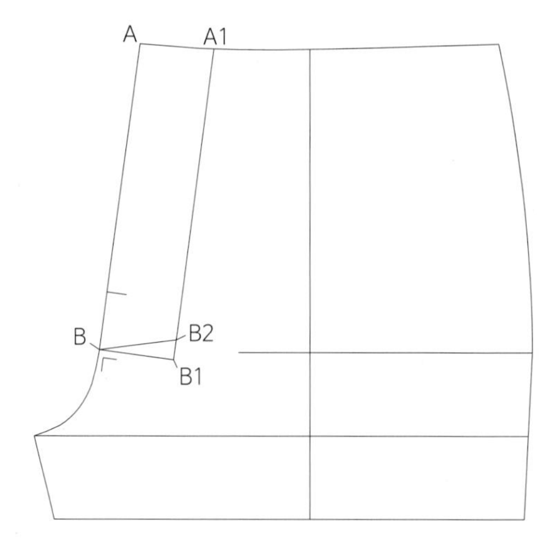

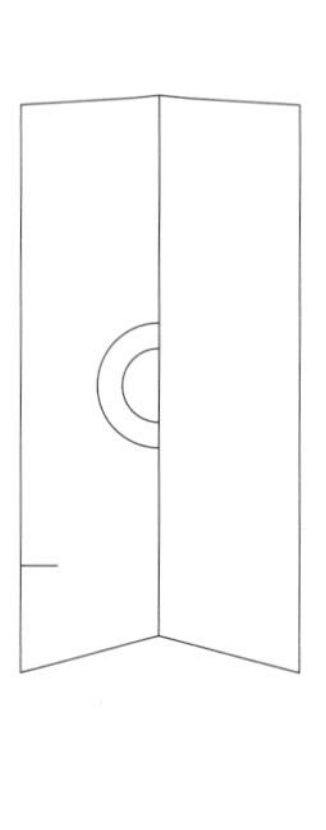

뎅고

A-A1	4.5
A-B	18
B1-B2	1.2

남성복 기본 일자핏 데님 바지 MP21U_J001

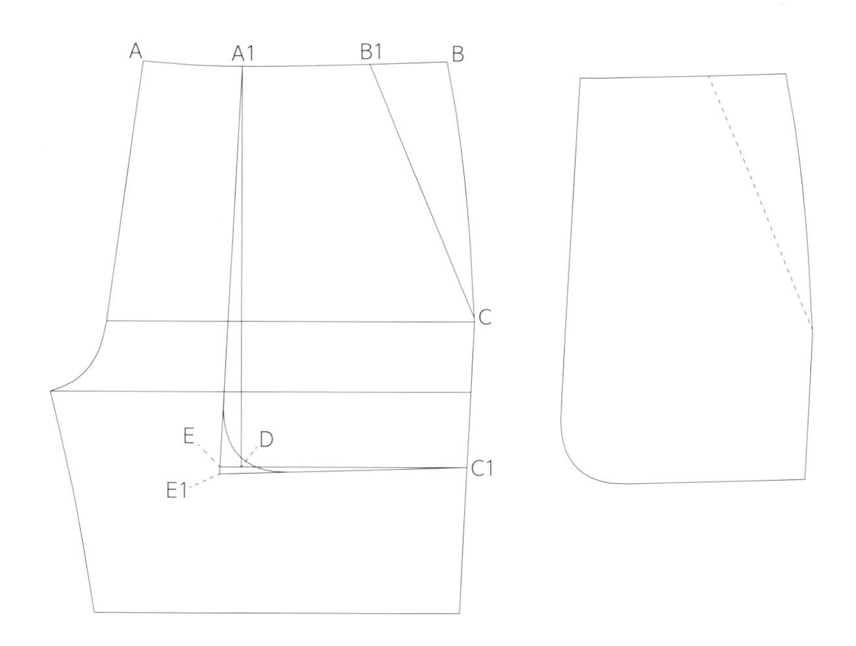

손바닥 묵가대

A-A1	7
B-B1	5.5
B1-C	19.5
C-C1	10.5
D	A1에서 수직으로 내린선과 C1에서의 수평선이 만나는 점
D-E	1.5
E-E1	0.5

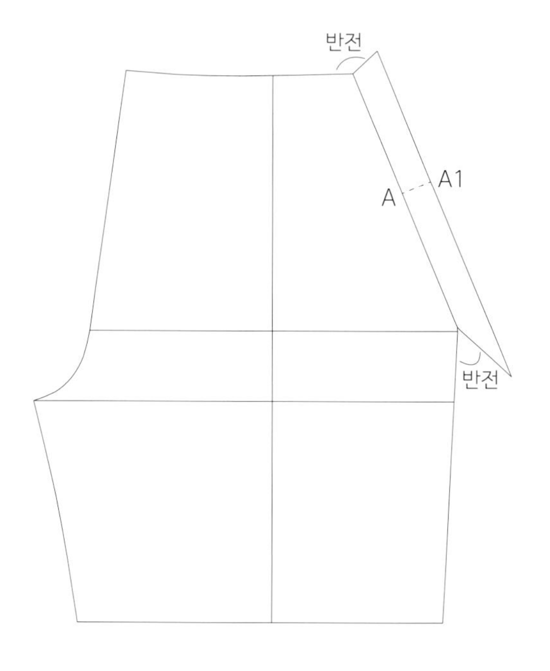

몸판 손등 시접

A-A1	2.2
손등묵가대를 따내지 않고 접어서 제작	

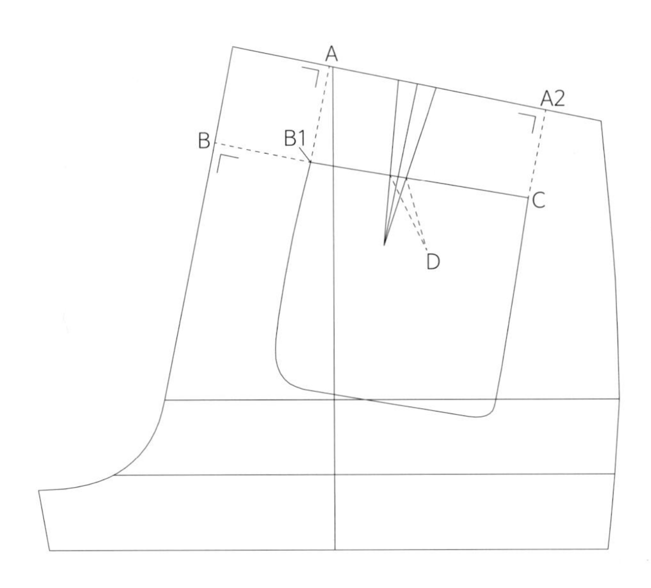

뒷주머니

A-B1	6.5
B-B1	6.5
A2-C	6
B1-C	14.5 + (주머니에 걸치는 다트 길이 D)

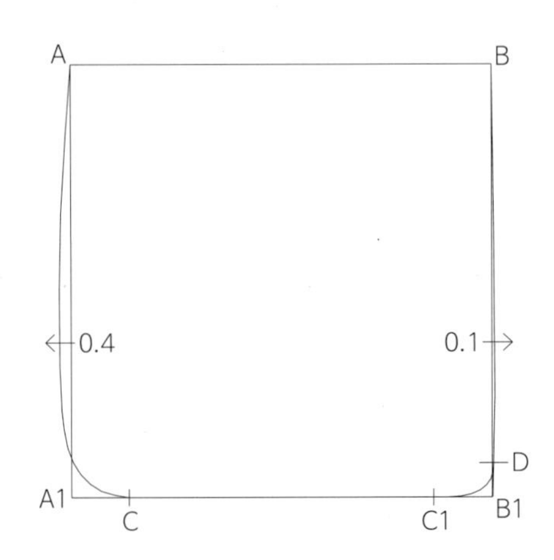

뒷주머니

A-B	14.5
A-A1, B-B1	15
A1-C	2
B1-C1	2
B1-D	1.2

남성복 기본 일자핏 데님 바지 MP21U_J001

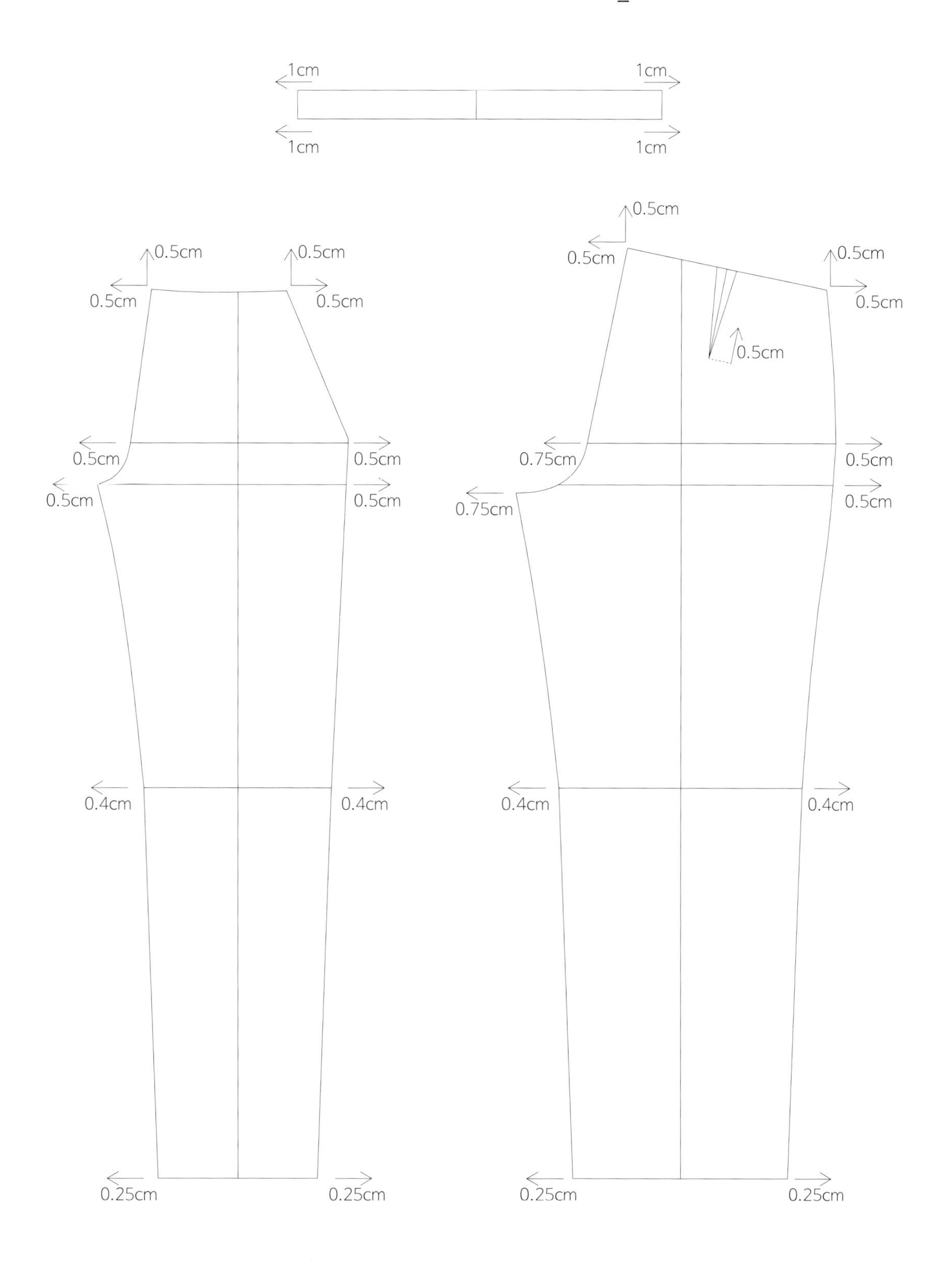

그레이딩

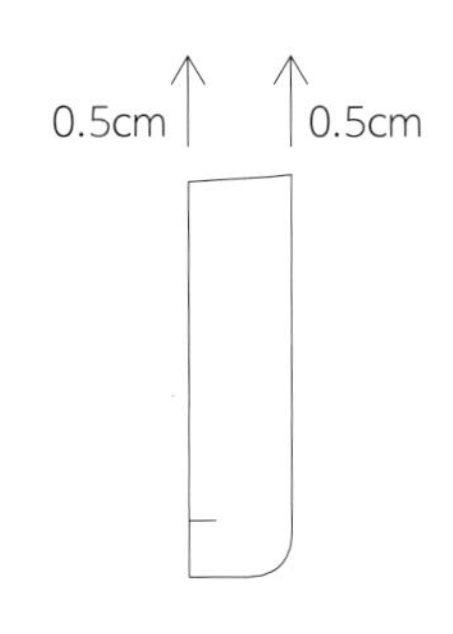
0.5cm
0.5cm

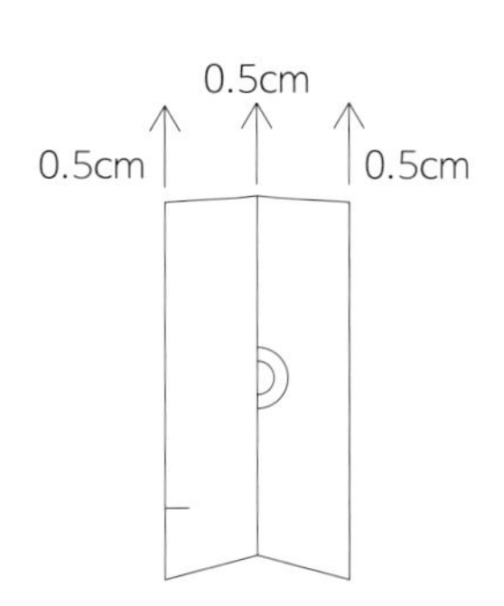
0.5cm
0.5cm
0.5cm

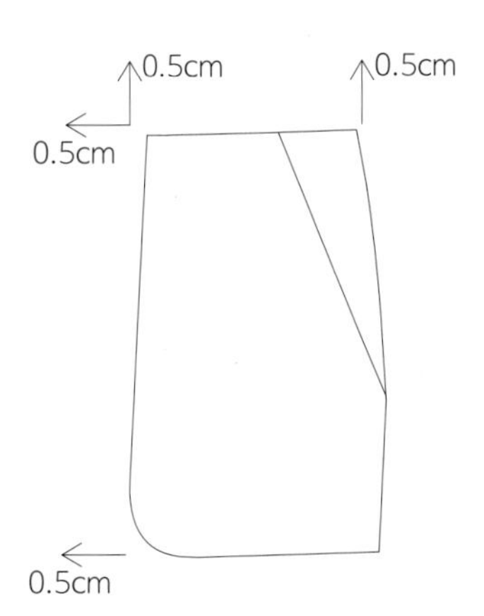
0.5cm
0.5cm
0.5cm
0.5cm

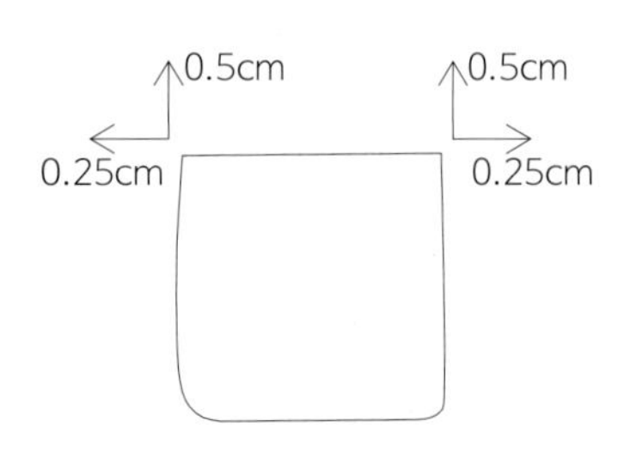
0.5cm
0.5cm
0.25cm
0.25cm

그레이딩

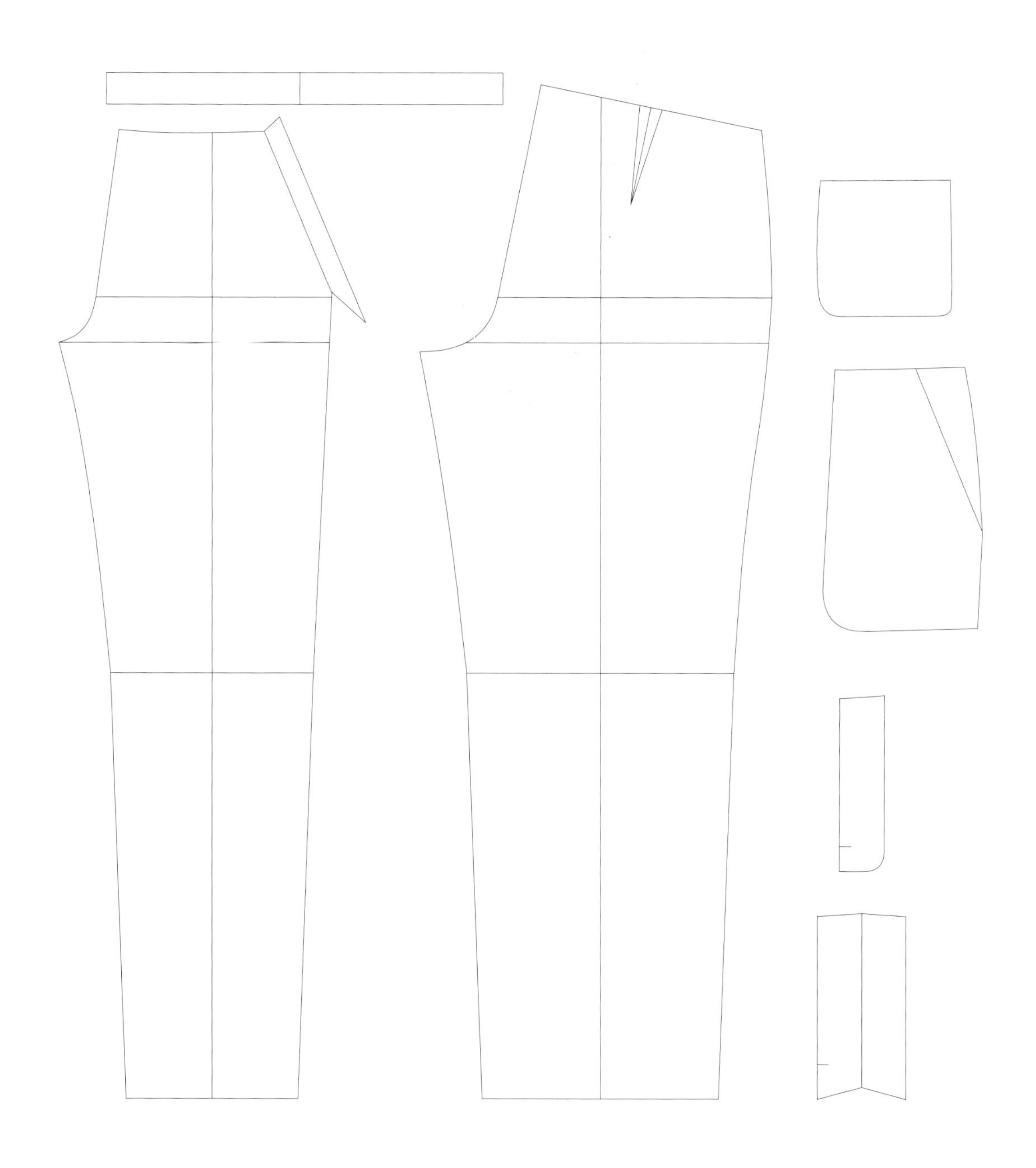

패턴 정리

남성복 데님 와이드 팬츠 MP21M003

패턴사이즈 (단위:cm)	MP21M003							
허리 둘레	74	78	82	86	90	94	98	102
엉덩이 둘레	109	113	117	121	125	129	133	137
밑단 단면	28.5	29	29.5	30	30.5	31	31.5	32
총장	111	111.5	112	112.5	113	113.5	114	114.5

※ 허리둘레는 원단두께에 따라, 패턴사이즈보다 1cm~2.5cm 작아질 수 있습니다.(내외경차)

※ 인체 누드치수에서 적당한 여유가 있어야 합니다.

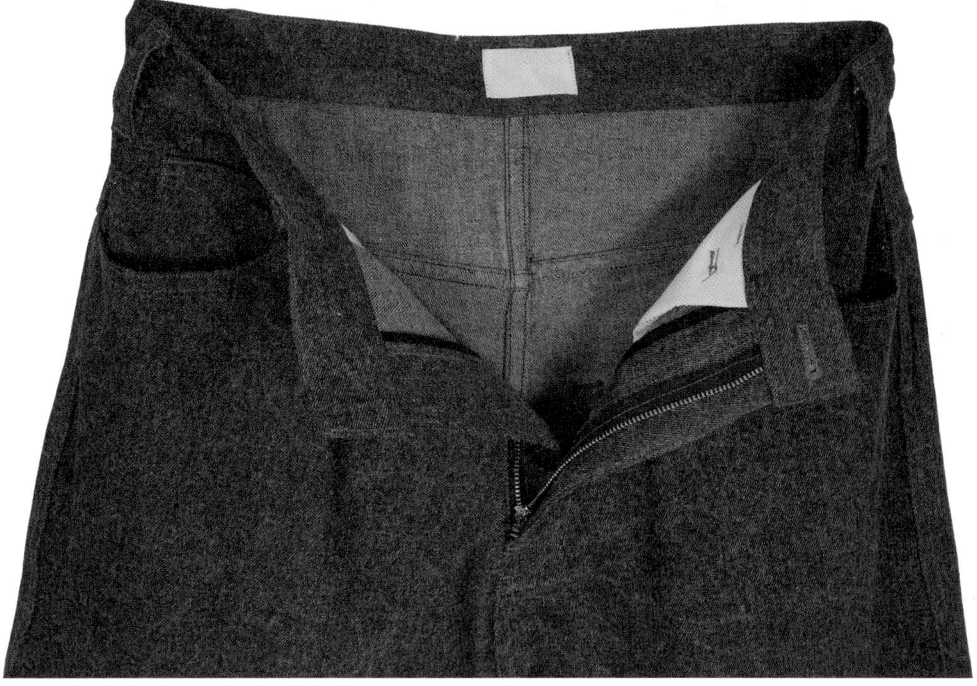

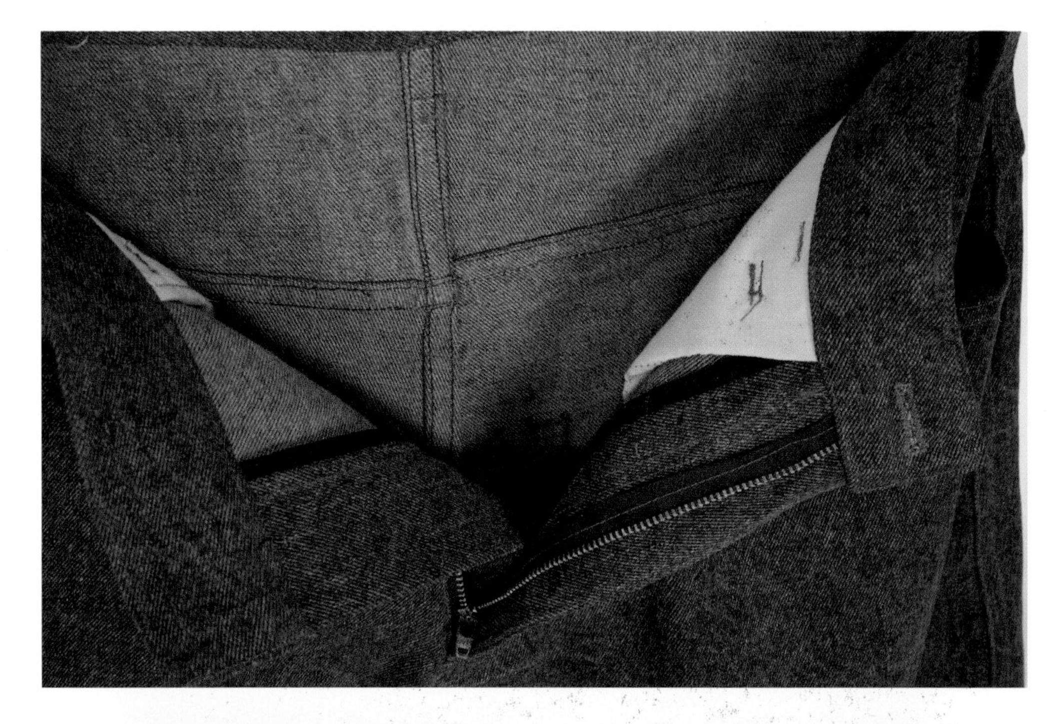

남성복 데님 와이드 팬츠 MP21M003

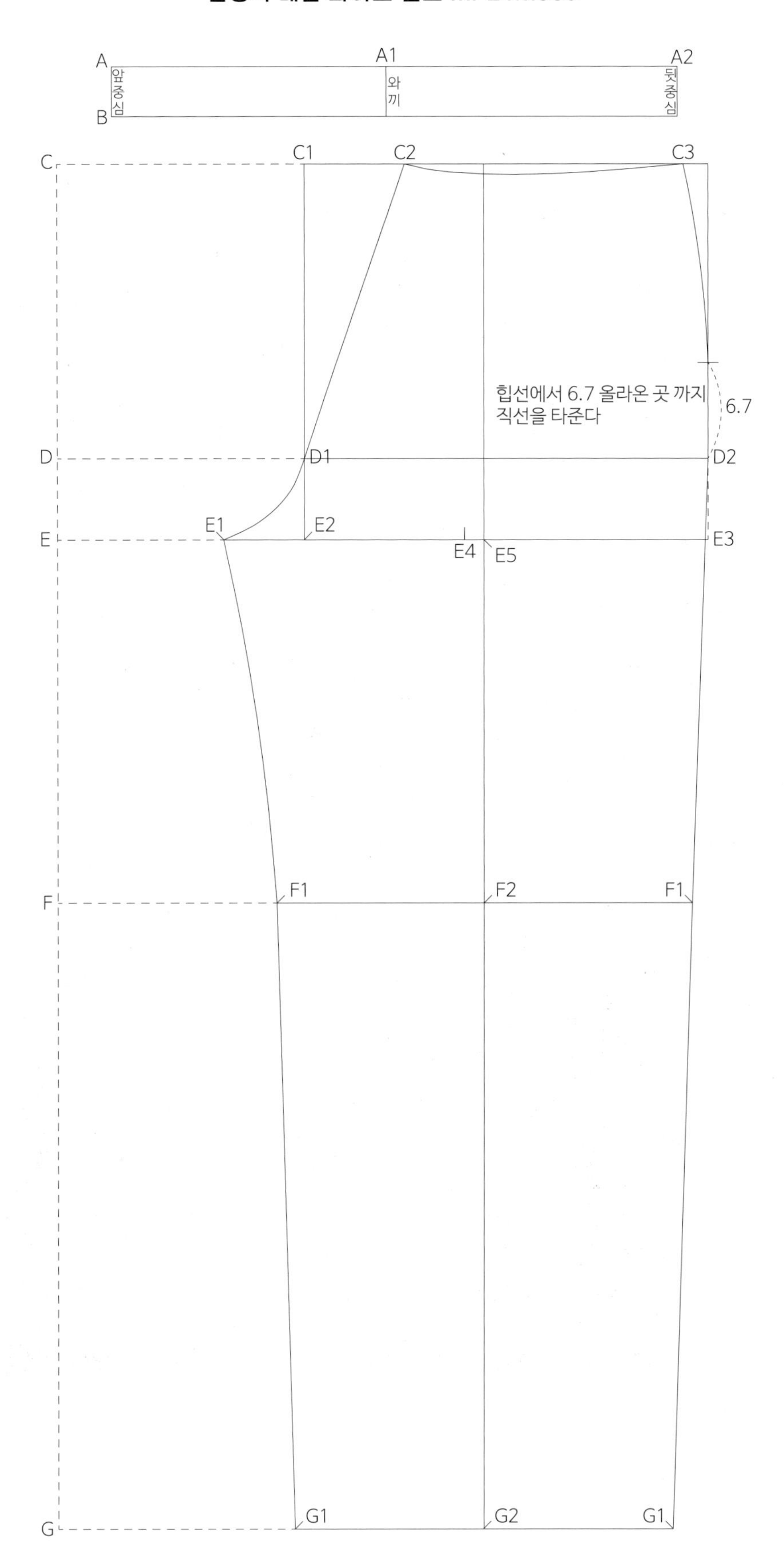

남성복 데님 와이드 팬츠 MP21M003

A-B	4.2	오비 폭	
A-A1	22	앞허리 값	제품사이즈 허리값 89cm
A1-A2	23	뒤허리 값	
C-D	23.5	힙 길이	
D-E	6.5	밑위	
E-F	29		
F-G	50		
C1-C2	8		
D1-D2	32	앞판 힙 값	
C2-C3	22	앞허리 값	
E1-E2	6.5	앞 고마대 값	
E3		D2에서 수직으로 6.5 내린 점	
E4		E1과 E3 중간점	
E5		E4 에서 오른쪽으로 1.5cm 이동한 점. 위 아래 수직으로 그어 레직기 선을 그려준다	
F1-F2	16.5	무릎 값	
G1-G2	15	바지 부리 값	

남성복 데님 와이드 팬츠 MP21M003

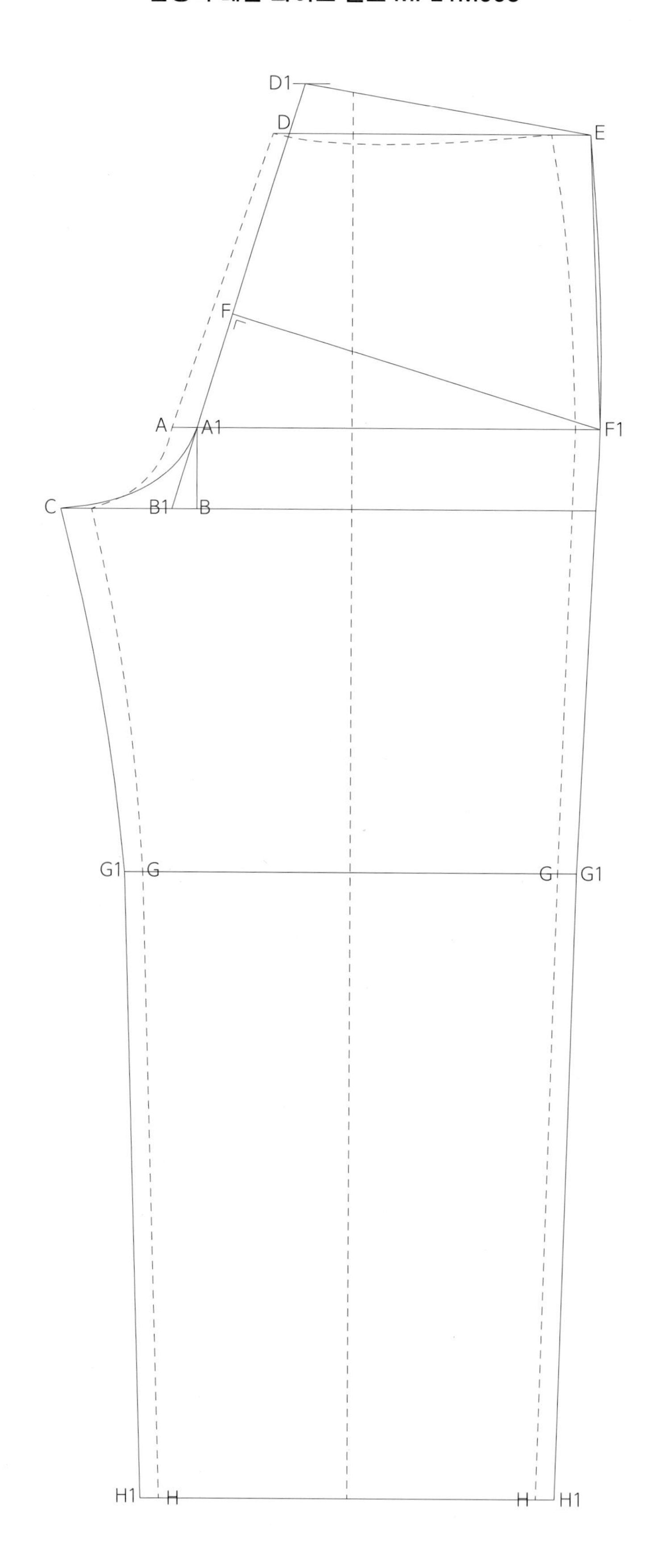

남성복 데님 와이드 팬츠 MP21M003

A-A1	2	
A1-B	6.5	수직으로 내림
B-B1	2	B1 과 A1 을 직선으로 연결하여 뒤중심선을 그린다
D-D1	4	
D1-E	23	뒤허리 값
F-F1	30.5	뒤판 힙 값
B-C	11	뒤 고마대 값
G-G1	1.5	
H-H1	1.5	

남성복 데님 와이드 팬츠 MP21M003

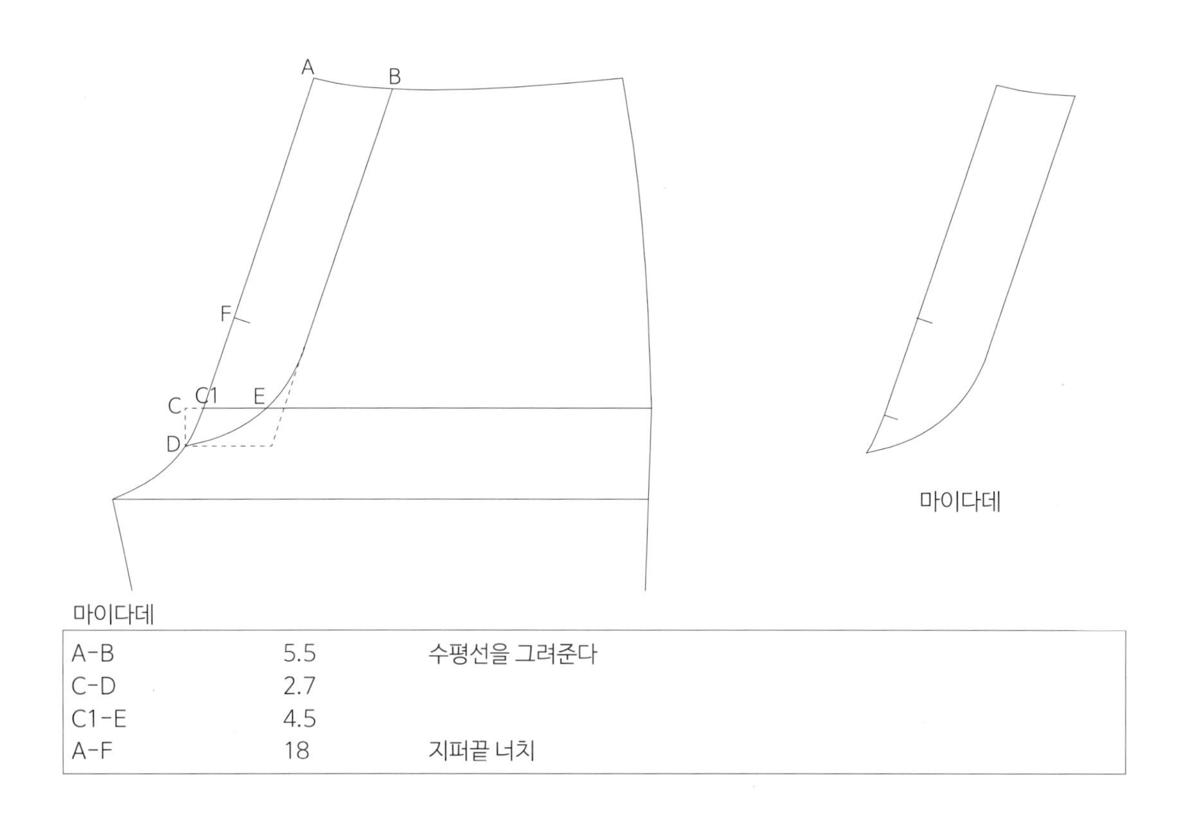

마이다데

A-B	5.5	수평선을 그려준다
C-D	2.7	
C1-E	4.5	
A-F	18	지퍼끝 너치

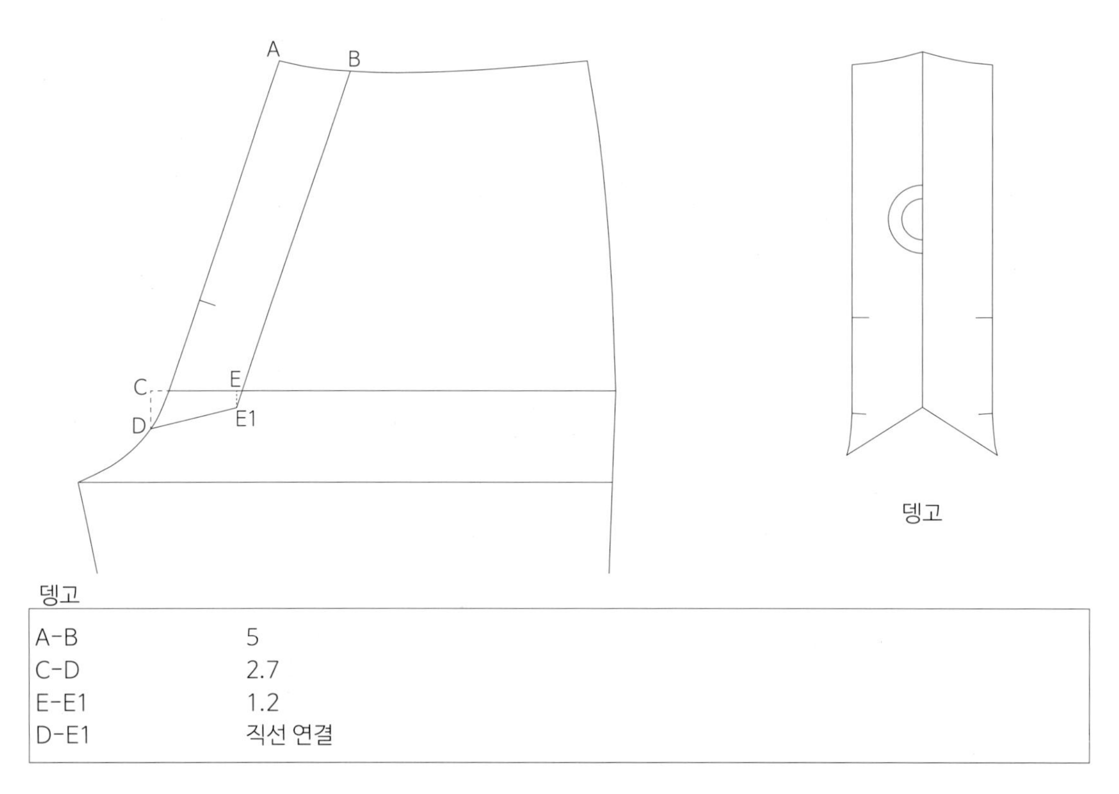

뎅고

A-B	5
C-D	2.7
E-E1	1.2
D-E1	직선 연결

남성복 데님 와이드 팬츠 MP21M003

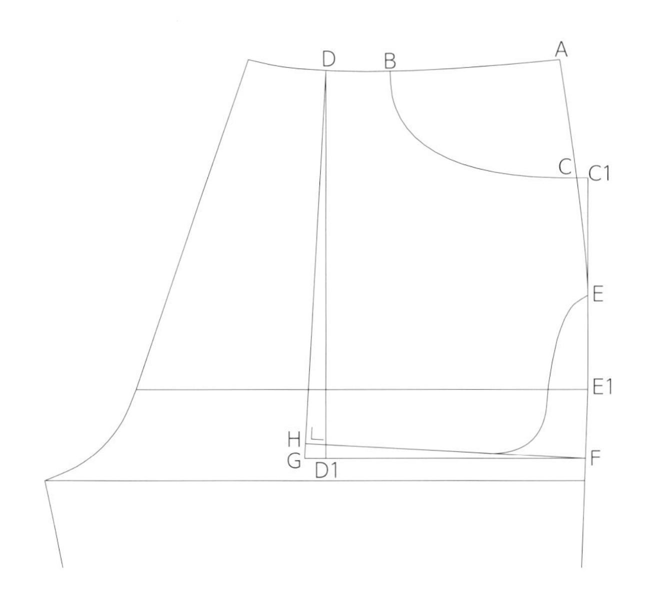

A-B	12
B-D	4.5
A-C	8.5
C-C1	0.8
E-E1	6.7
C1-E	자연스럽게 연결
C1-F	20.5
D-D1	힙선과 직각이 되는 수직선
F-D1	F에서 가로 수평선
D1-G	1.5
H-F	D-H선과 직각이 되게 그려줌

앞주머니 TC감

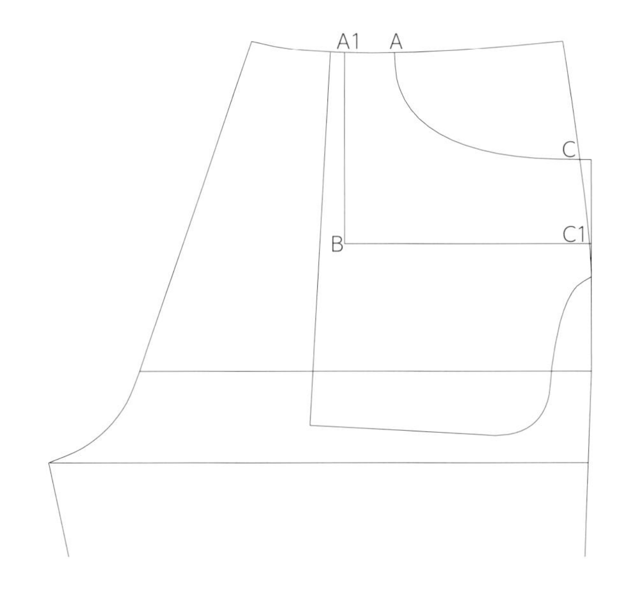

A-A1	3.5
C-C1	6
A1-B	수직으로 내림
B-C1	수평선

손바닥 묵가대

남성복 데님 와이드 팬츠 MP21M003

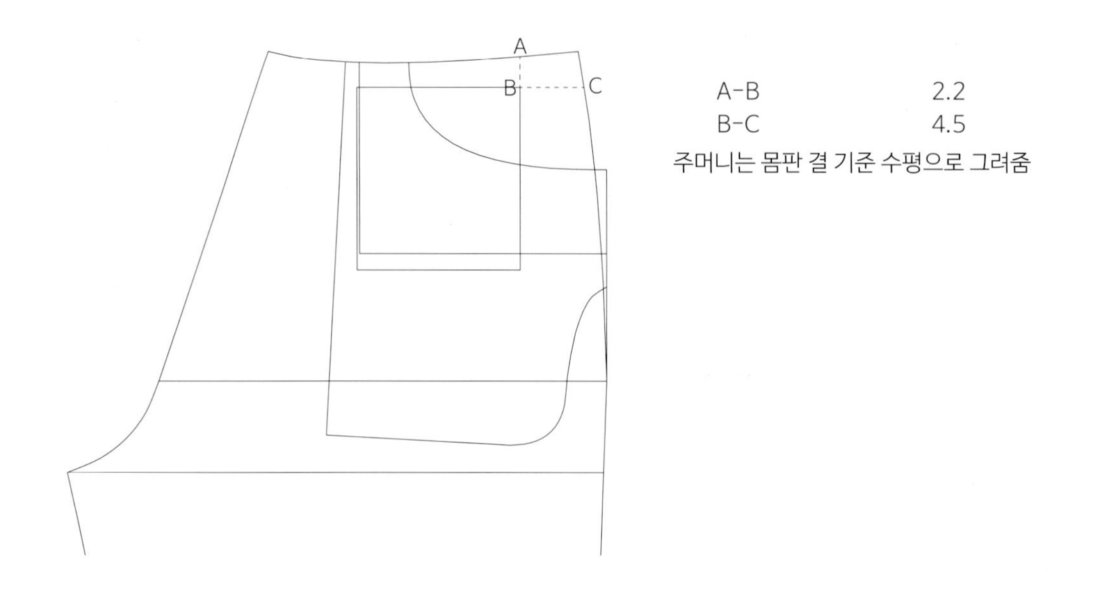

꼬마주머니(입어서 오른쪽)

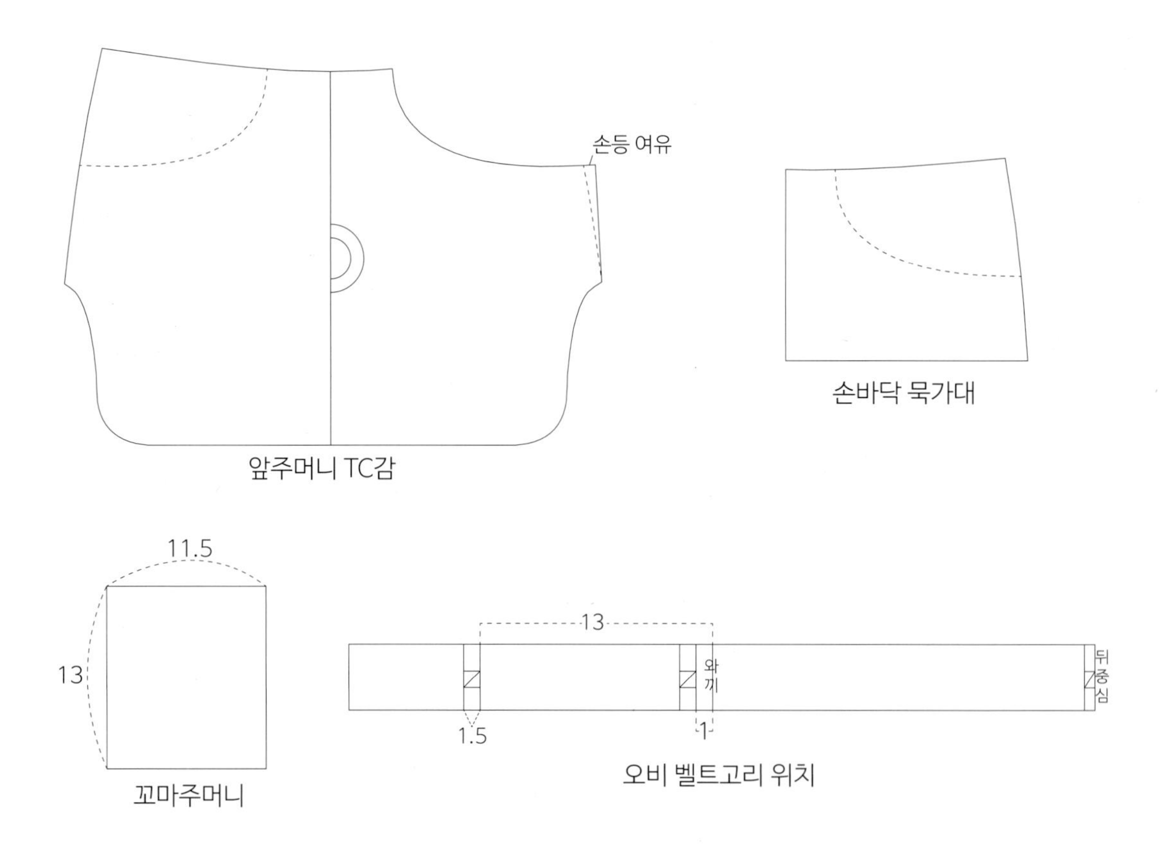

남성복 데님 와이드 팬츠 MP21M003

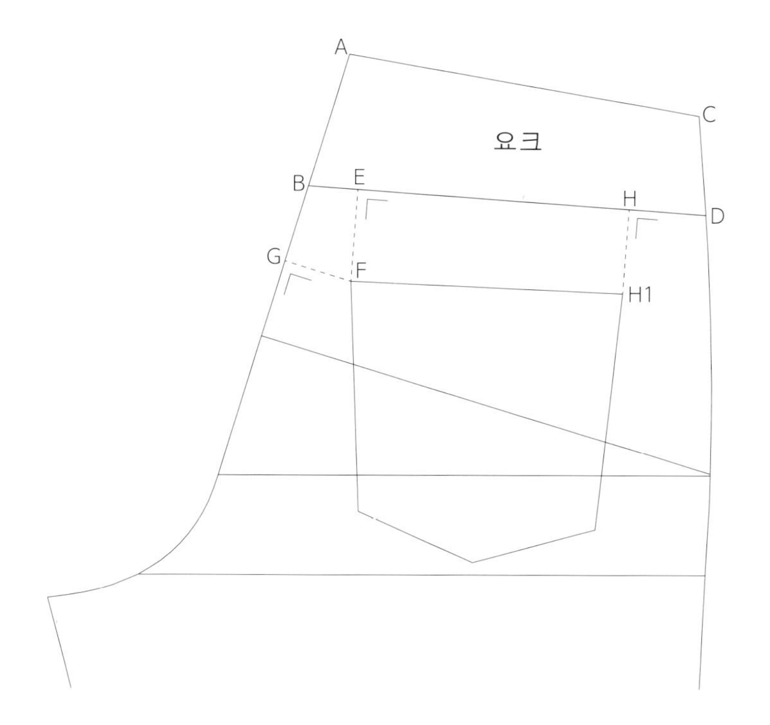

A-B	9
C-D	6.5
B-E	4.5
E-F	6
G-F	4.5
H-H1	5.5

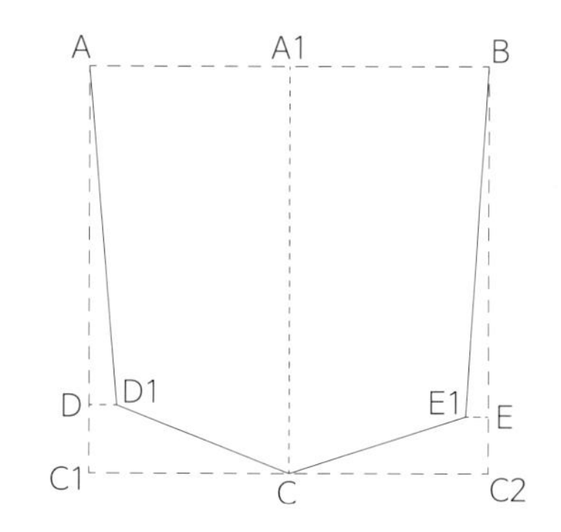

A-B	17.6
A1	A-B 중간 점
A1-C	18
C1-C2	17.6
C1-D	3
D-D1	1.2
C2-E	2.5
E-E1	1

뒷주머니

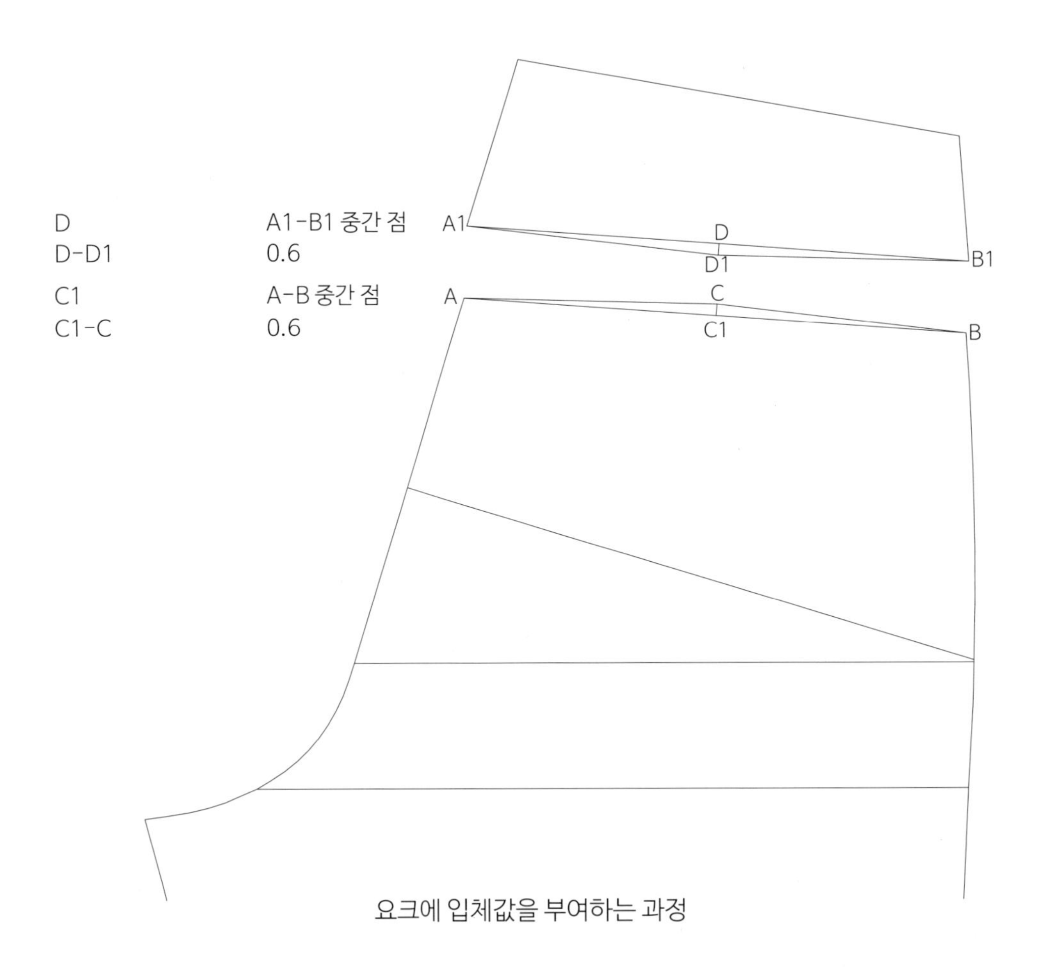

요크에 입체값을 부여하는 과정

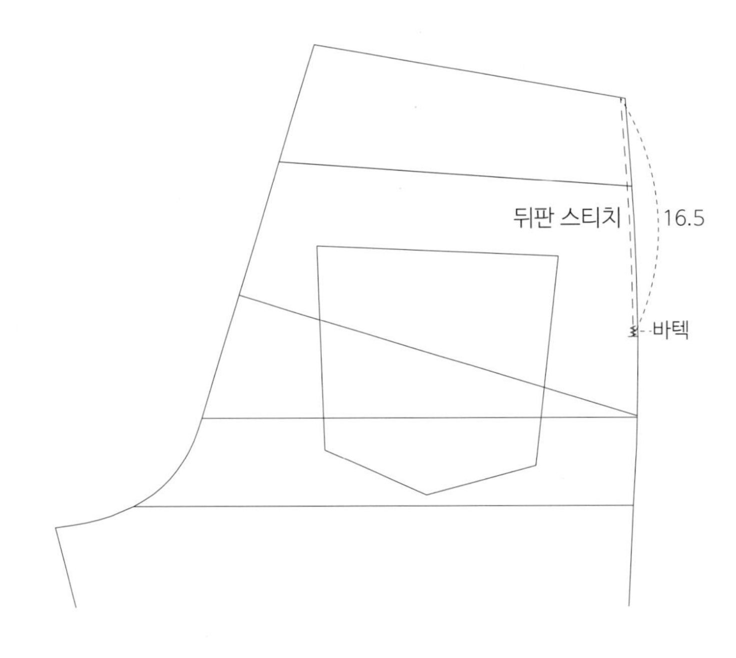

남성복 데님 와이드 팬츠 MP21M003

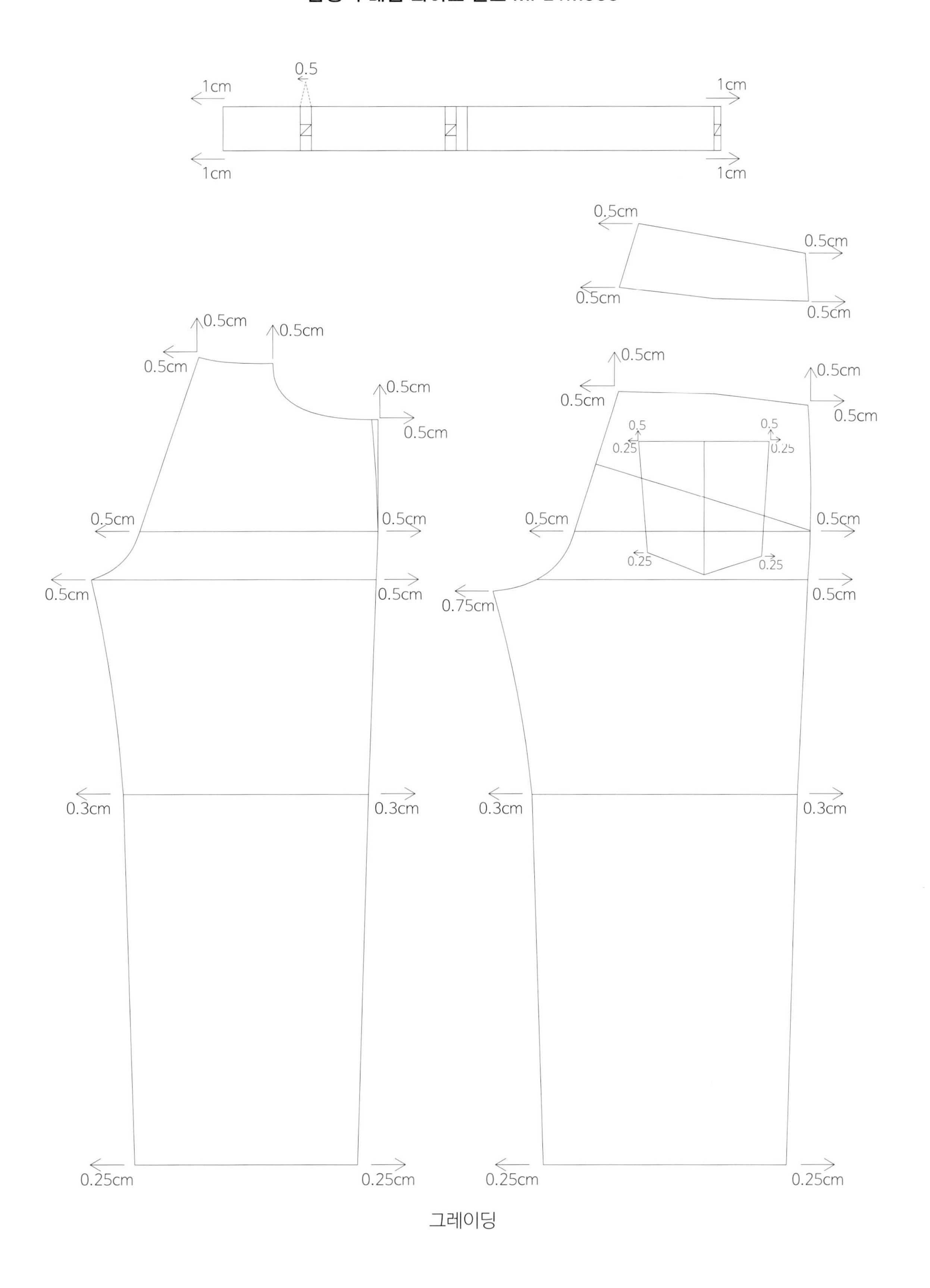

그레이딩

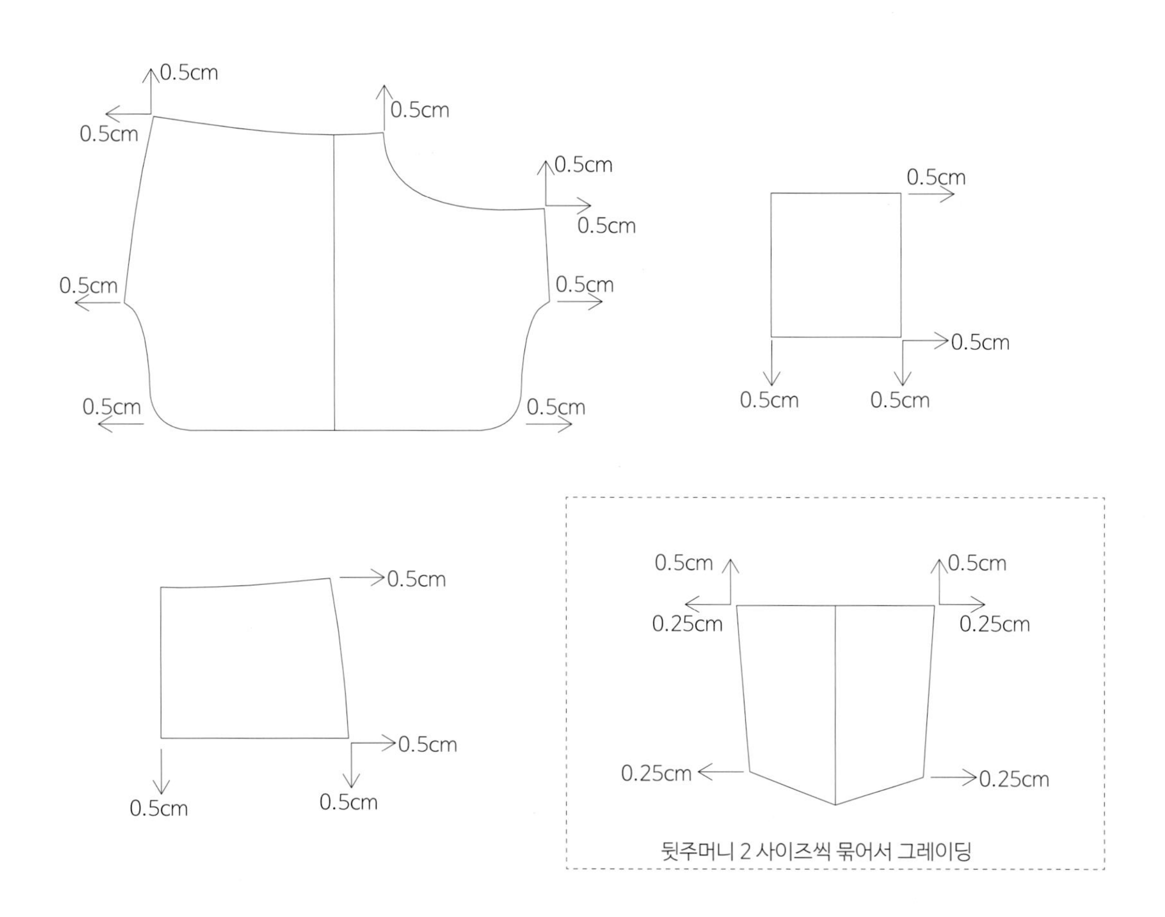
0.5cm
0.5cm
0.5cm
0.5cm
0.5cm
0.5cm
0.5cm
0.5cm
0.5cm
0.5cm
0.5cm
0.5cm
0.5cm
0.5cm
0.5cm
0.5cm
0.5cm
0.5cm
0.5cm
0.5cm
0.25cm
0.25cm
0.25cm
0.25cm
뒷주머니 2 사이즈씩 묶어서 그레이딩

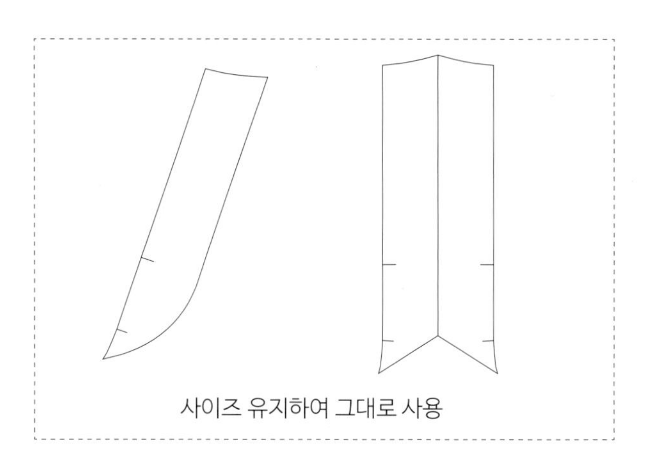
사이즈 유지하여 그대로 사용

그레이딩

남성복 데님 와이드 팬츠 MP21M003

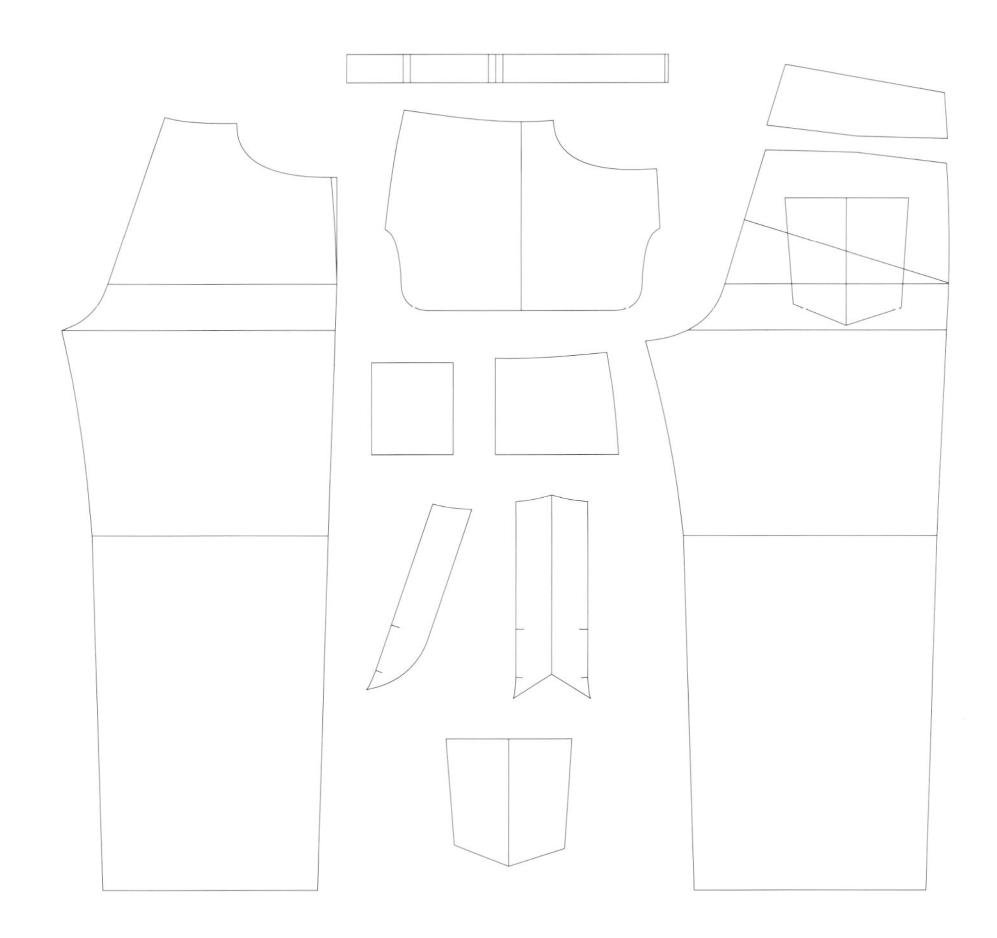

패턴 정리

남성복 기본 반바지 MP21U009

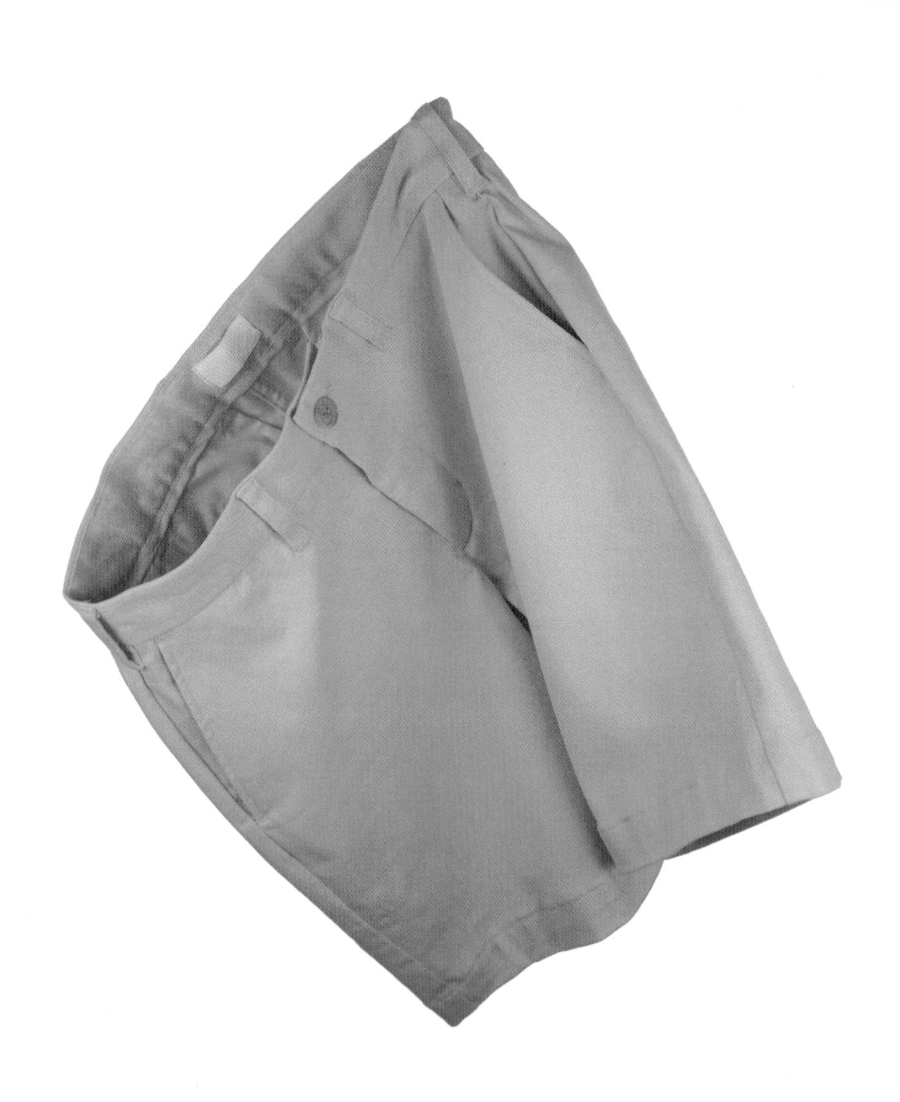

패턴사이즈 (단위:cm)	MP21U009							
허리 둘레	74	78	82	86	90	94	98	102
엉덩이 둘레	96	100	104	108	112	116	120	124
밑단 단면	24	25	26	27	28	29	30	31
총장	47	47.5	48	48.5	49	49.5	50	50.5

※ 허리둘레는 원단두께에 따라, 패턴사이즈보다 1cm~2.5cm 작아질 수 있습니다.(내외경차)

※ 인체 누드치수에서 적당한 여유가 있어야 합니다.

남성복 기본 반바지 MP21U009

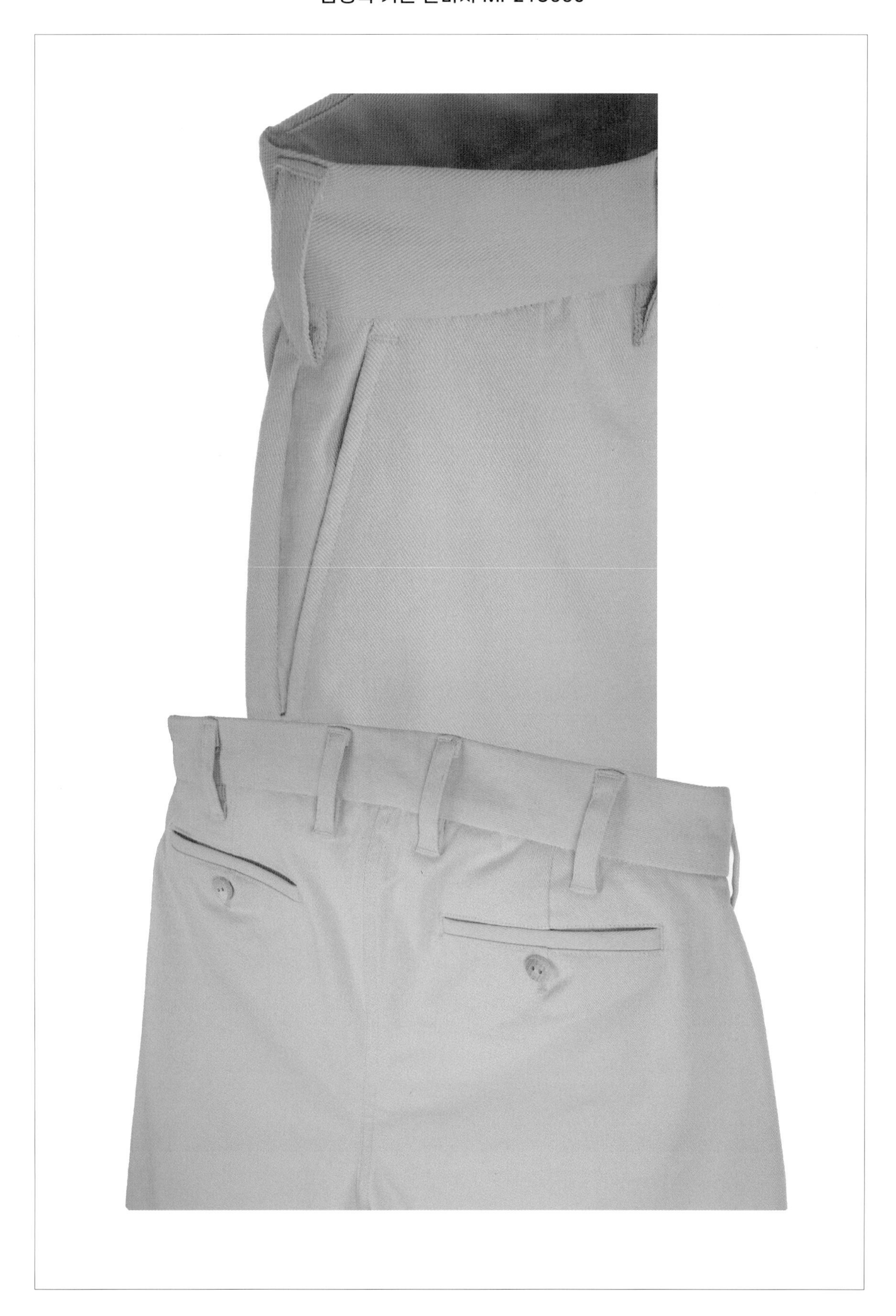

남성복 기본 반바지 MP21U009

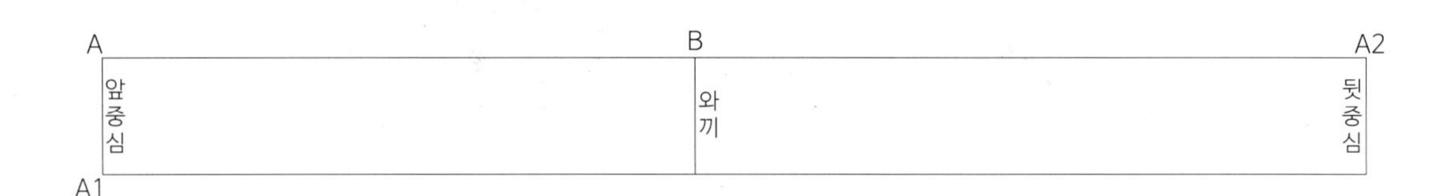

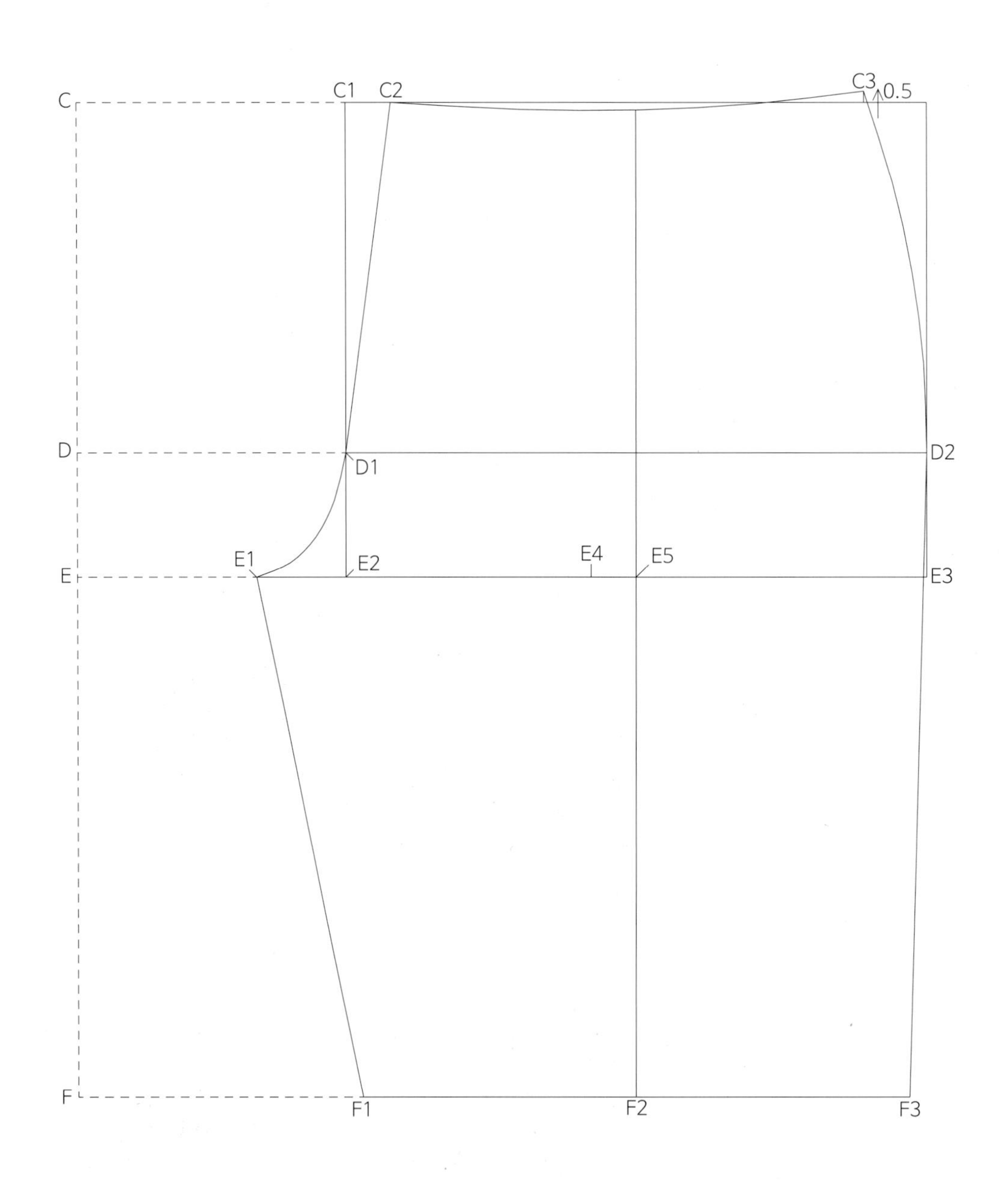

남성복 기본 반바지 MP21U009

A-A1	4	오비 폭
A-B	20.25	앞허리
B-A2	22.75	뒤허리
C-D	15.5	
D-E	5.5	
E-F	23	
D1-D2	25.5	앞판 힙 값
C1-C2	2	입체 값
C2-C3	20.75	20.25(앞 허리) + 0.5(이세)
E1-E2	4	앞 고마대
E3		D2에서 수직으로 내린 점
E4		E1-E3 중간 점
E4-E5	2	
F1-F2	12	
F2-F3	12	
E1-F1		직선 연결
D2-F3		직선 연결

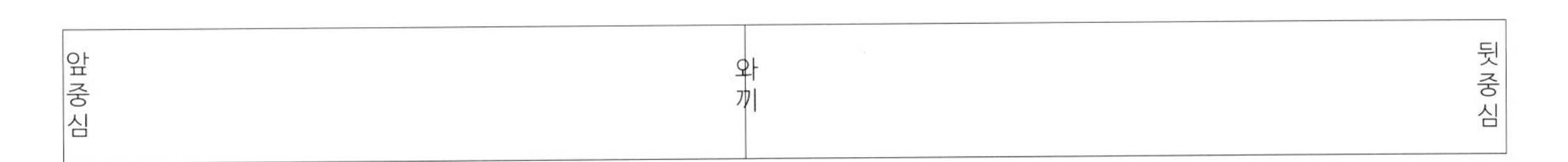

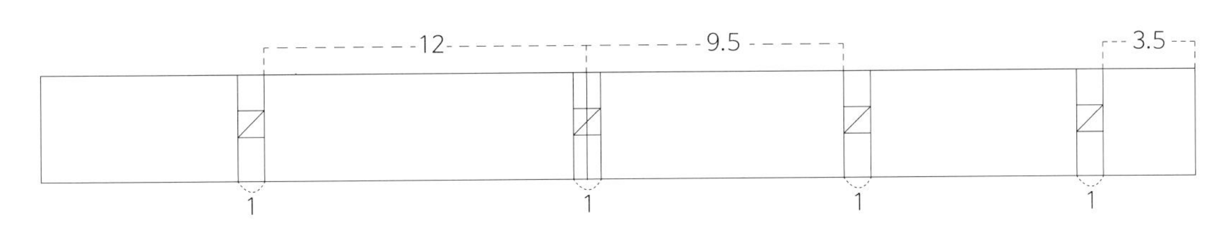

벨트 고리 위치

남성복 기본 반바지 MP21U009

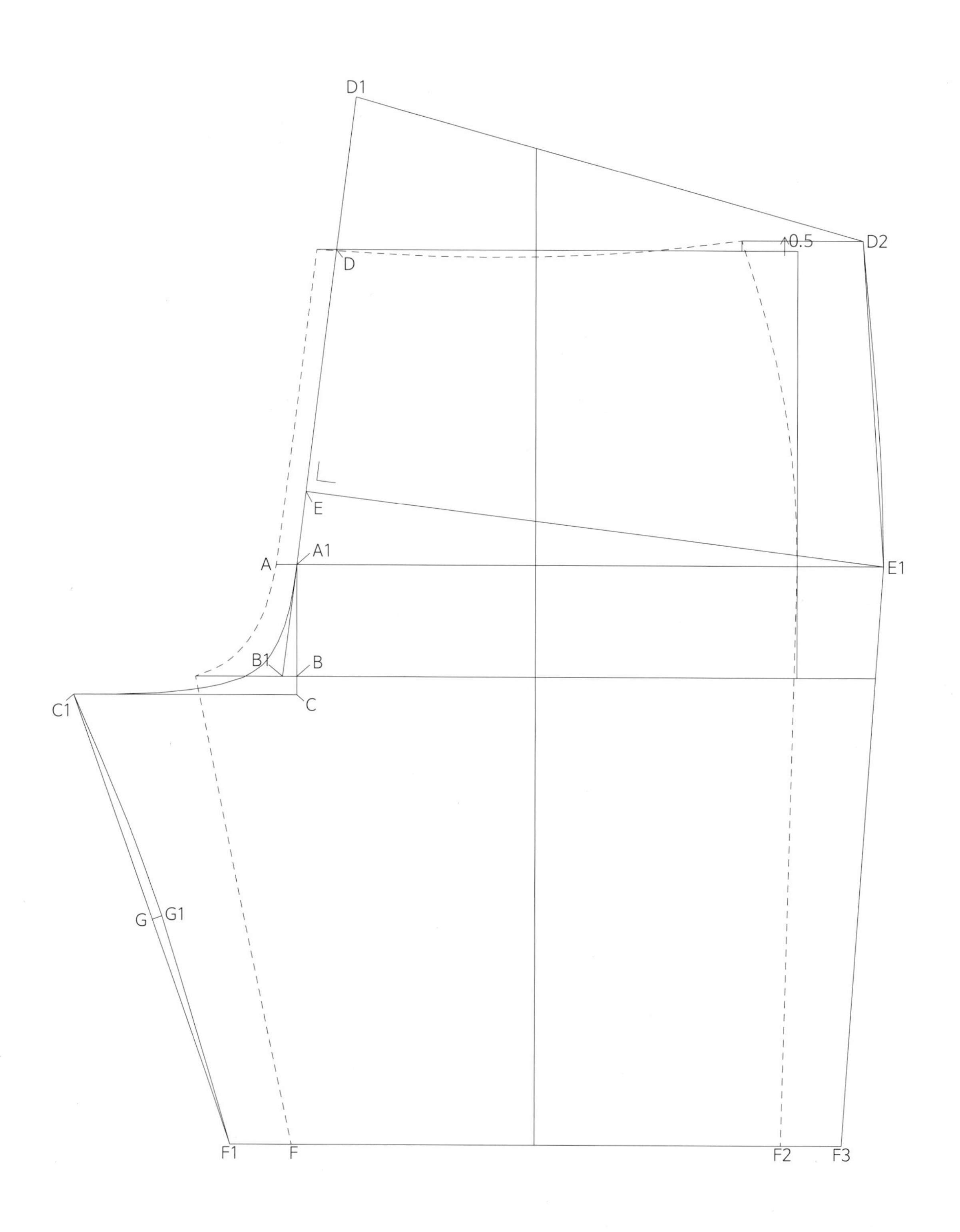

남성복 기본 반바지 MP21U009

A-A1	1	
A1-B	5.5	수직으로 내림
B-B1	0.7	
B1-A1	직선 연결	뒤 중심선을 그린다
D-D1	7.5	
D1-D2	25.5	22.75(뒤 허리) + 3(다트) + 0.5(이세)
E-E1	28.5	
B-C	0.9	
C-C1	11	뒷 고마대 값
F-F1	3	
F2-F3	3	
F1-C1		직선 연결 후 중간 점 G 표시
G-G1	0.6	
F1-G1		직선 연결

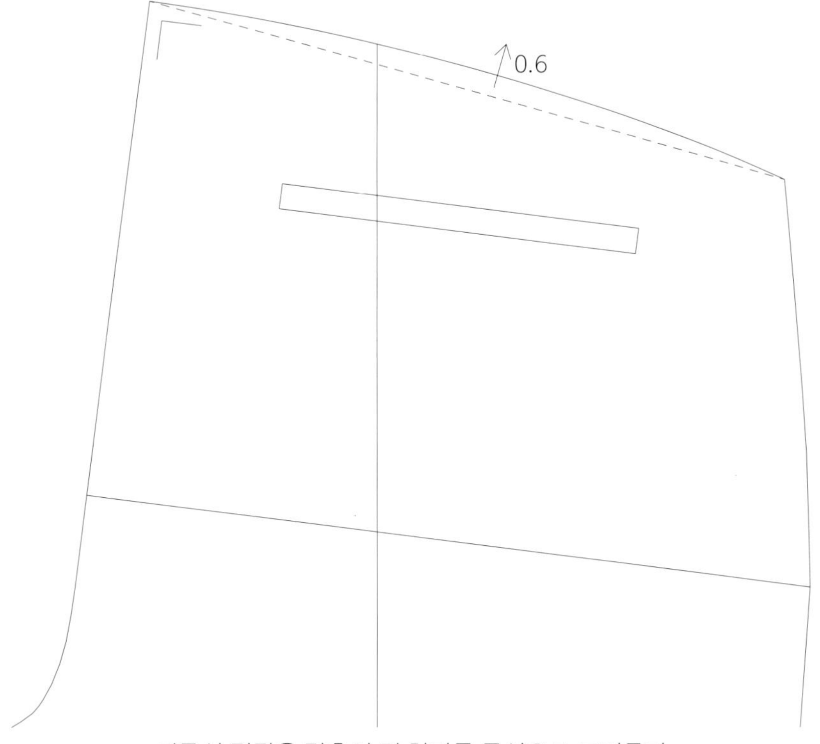

뒤중심 직각을 맞추어 뒤 허리를 곡선으로 그려준다

남성복 기본 반바지 MP21U009

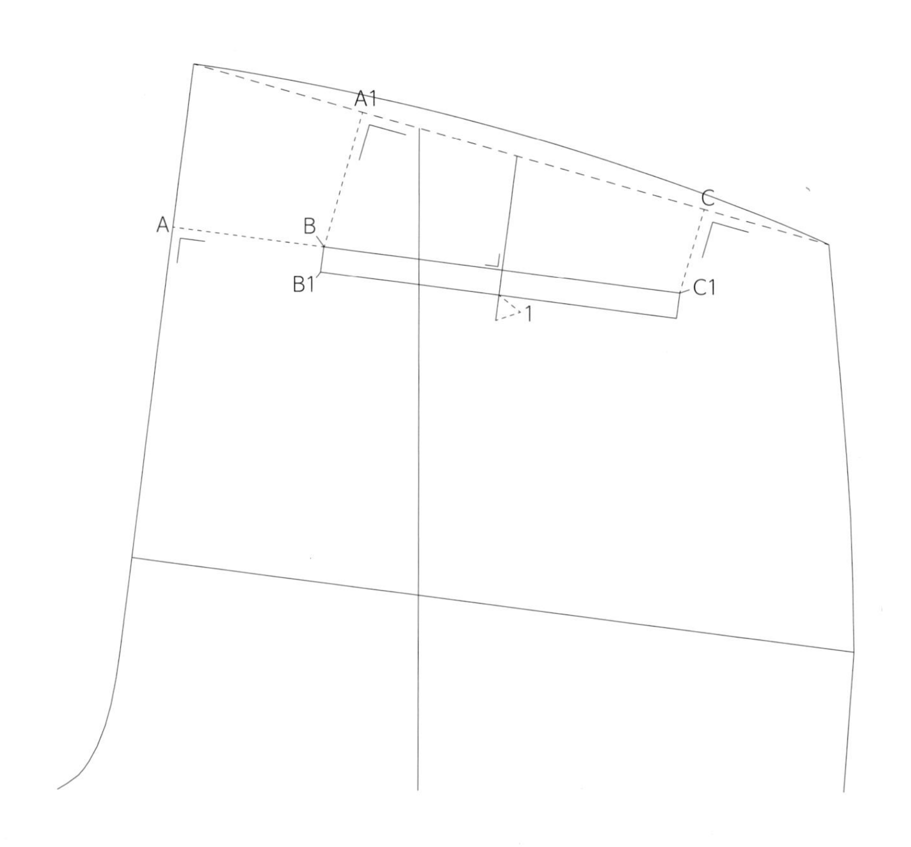

A-B	6
A1-B	5.5
C-C1	3.4
B-C1	14
B-B1	1

남성복 기본 반바지 MP21U009

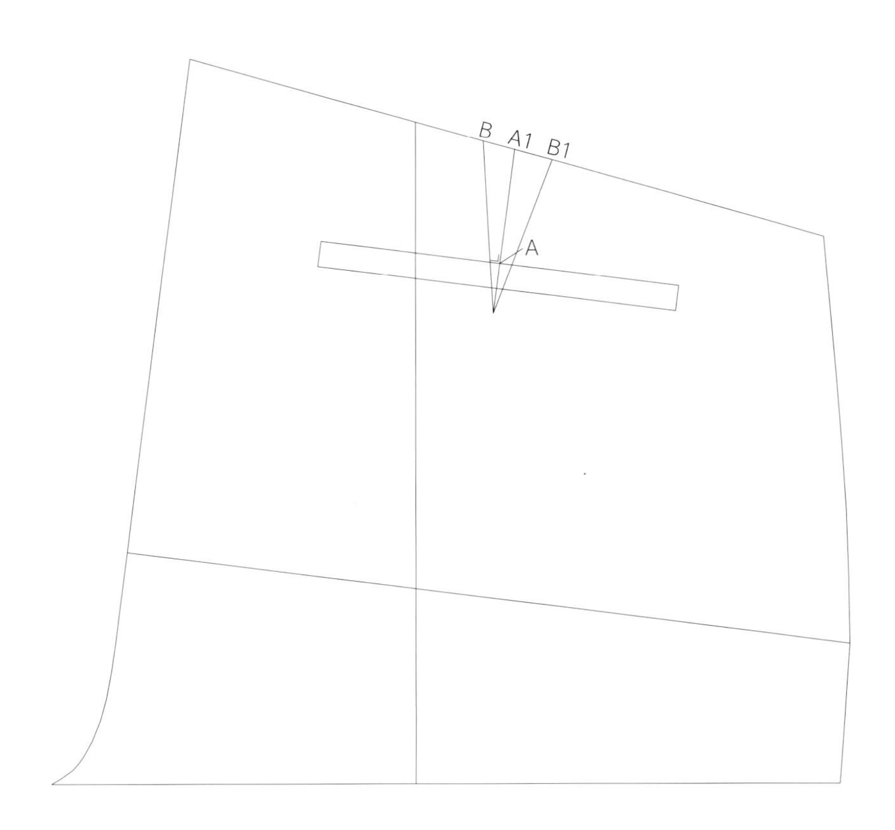

A-A1	주머니 중간에서 직각으로 선을 올려 그려준다
A1-B	1.5
A1-B1	1.5

남성복 기본 반바지 MP21U009

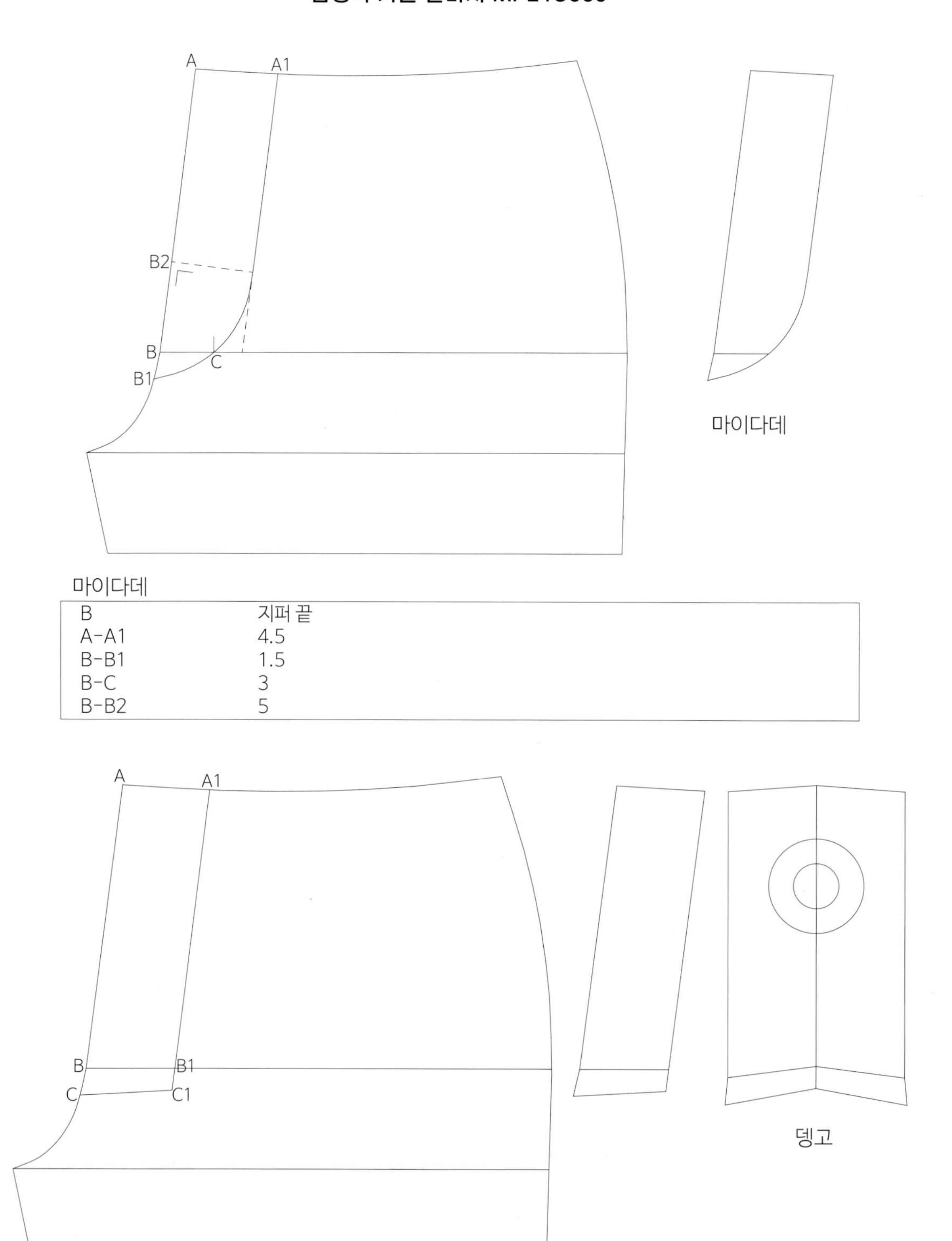

마이다데

B	지퍼 끝
A-A1	4.5
B-B1	1.5
B-C	3
B-B2	5

뎅고

A-A1	4.8
B-B1	4.8
B-C	1.5
B1-C1	1.2

남성복 기본 반바지 MP21U009

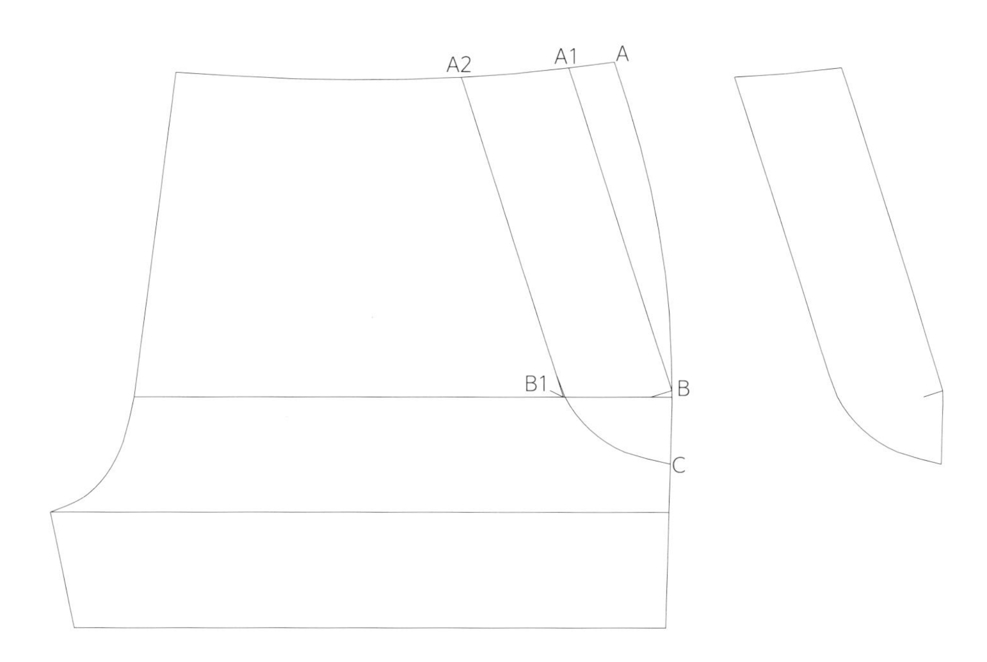

손등 묵가대

A-A1	2.2
A1-B	16
A1-A2	5
B-B1	5
B-C	3.5

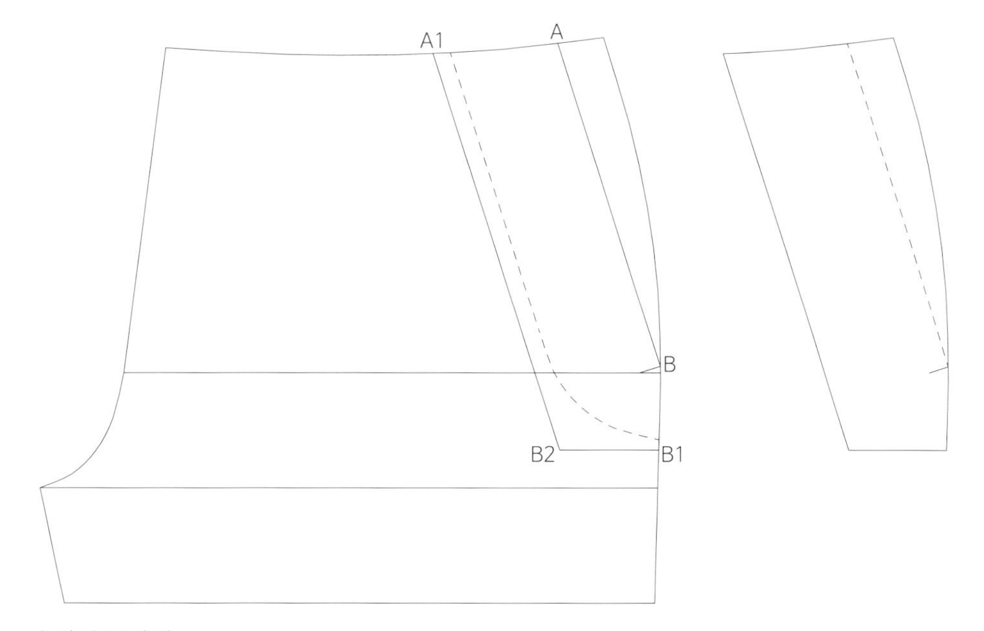

손바닥 묵가대

A-A1	6
B-B1	4
B1-B2	4.8

남성복 기본 반바지 MP21U009

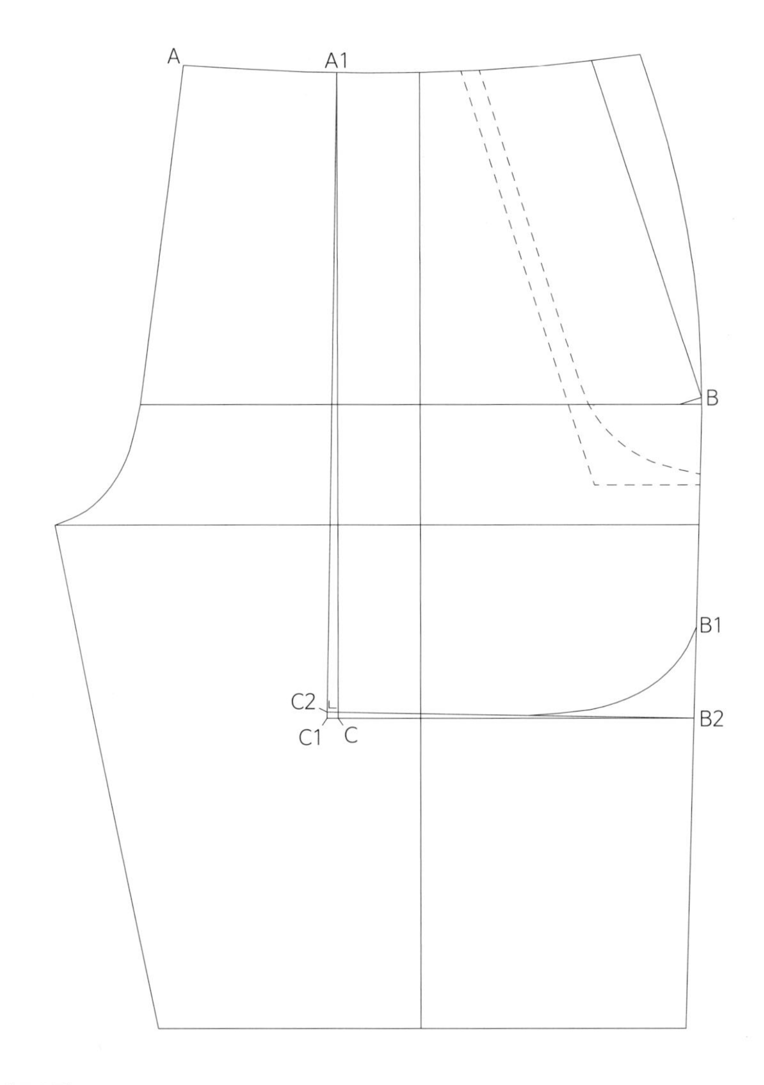

앞주머니 TC감

A-A1	7	A1에서 힙선에 직선으로 내린다
B-B1	10.5	
B1-B2	4	
C-C1	0.5	주머니 여유
C2-B2	A1-C1 과 직각	

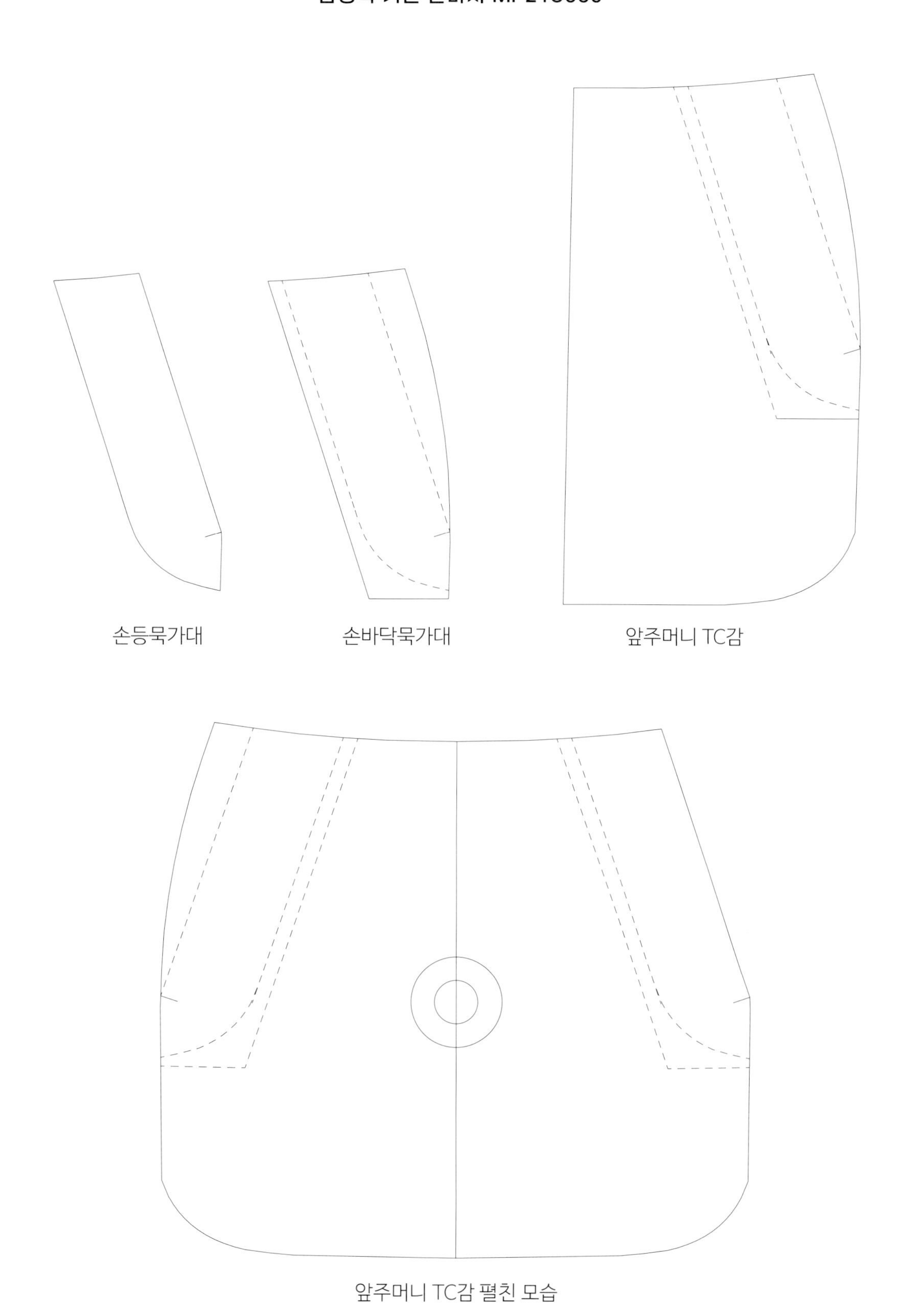
손등묵가대
손바닥묵가대
앞주머니 TC감
앞주머니 TC감 펼친 모습

남성복 기본 반바지 MP21U009

1.

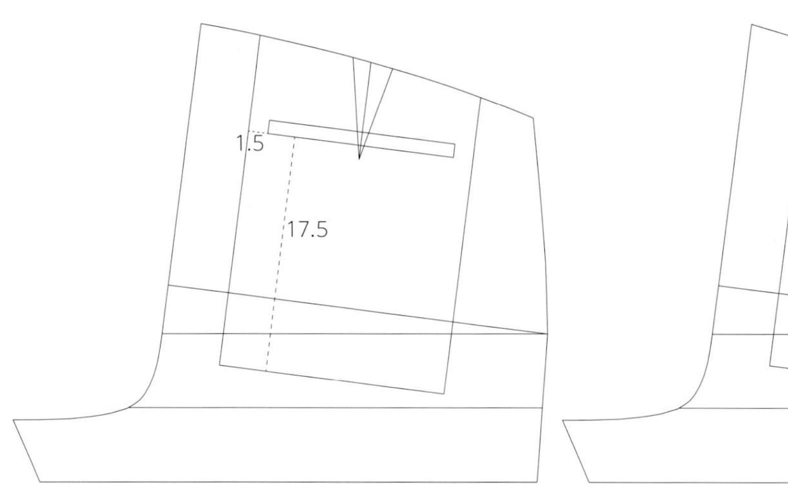

2.

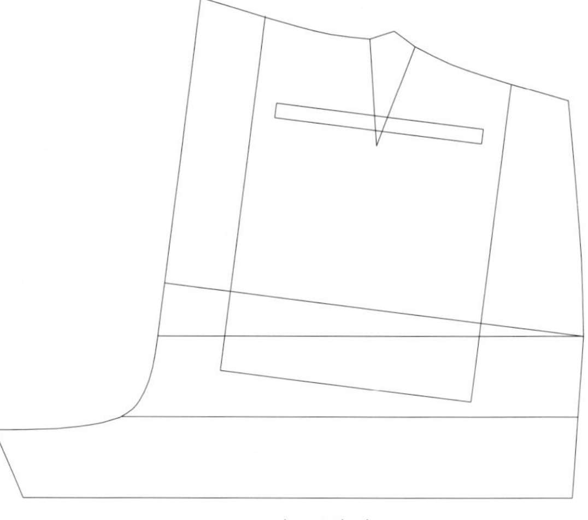

다트 정리

3.

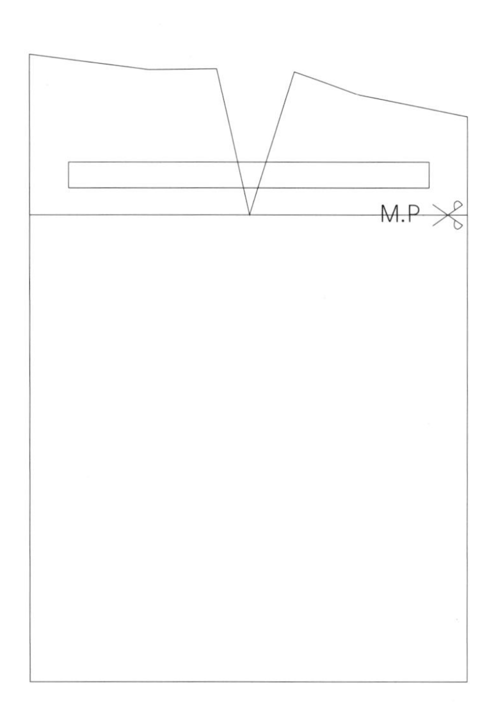

4.

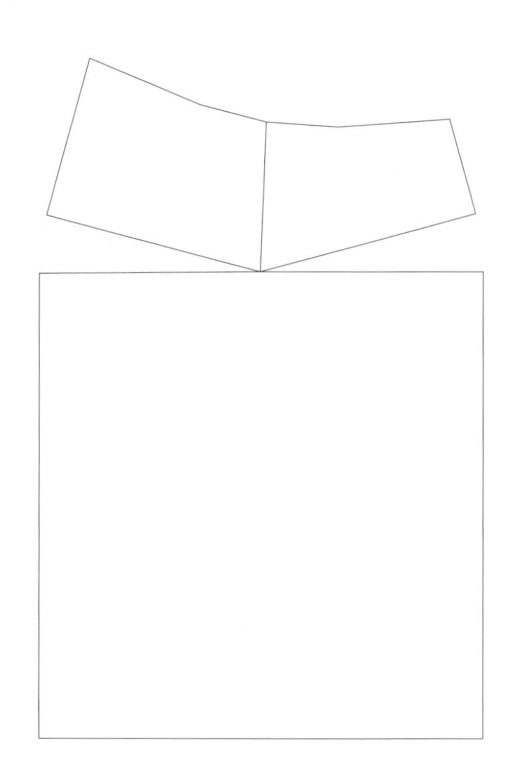

뒷주머니 TC감

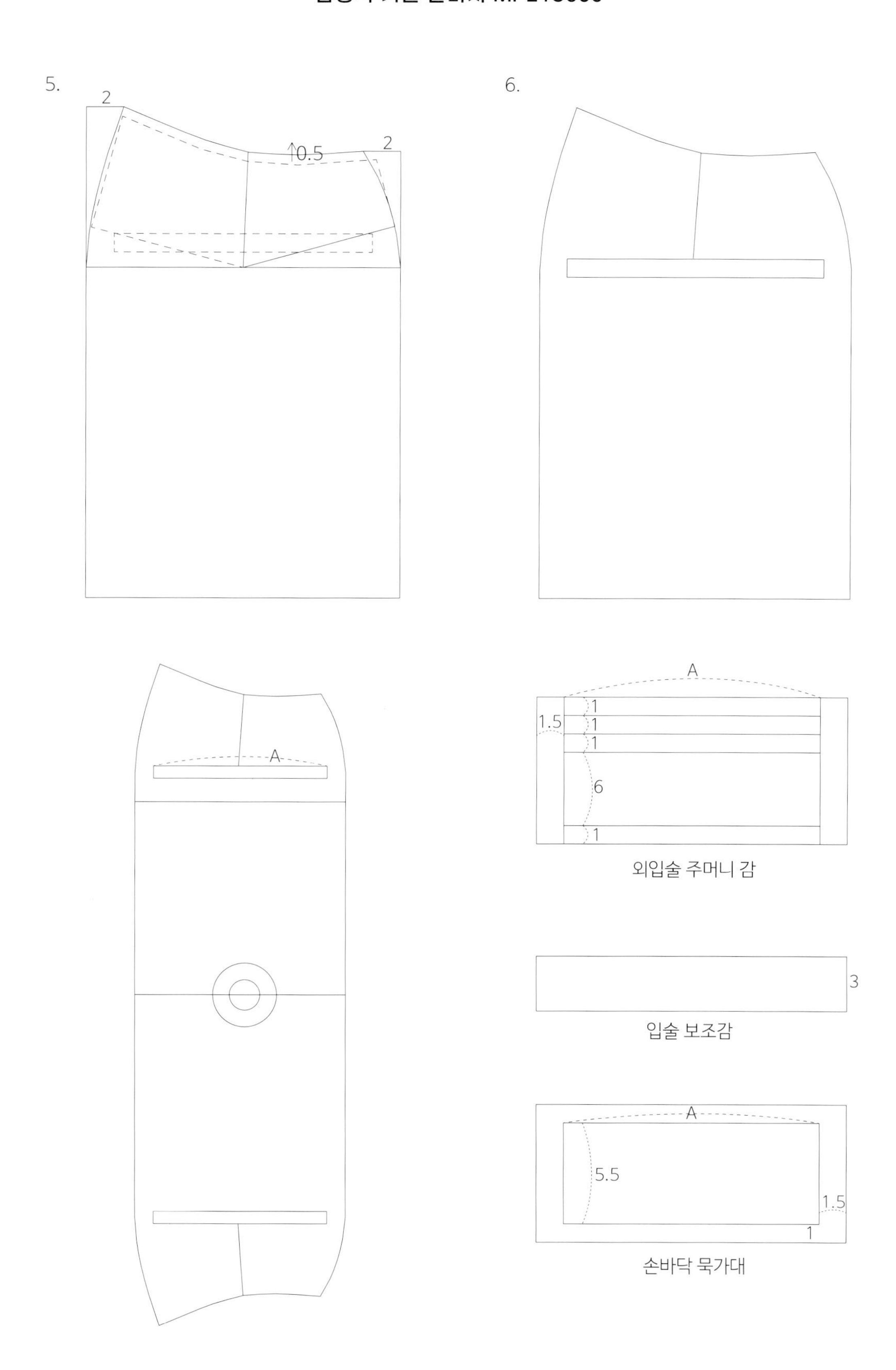
5.
2
0.5
2
6.
A
A
1
1.5
1
1
6
1
외입술 주머니 감
3
입술 보조감
A
5.5
1.5
1
손바닥 묵가대

남성복 기본 반바지 MP21U009

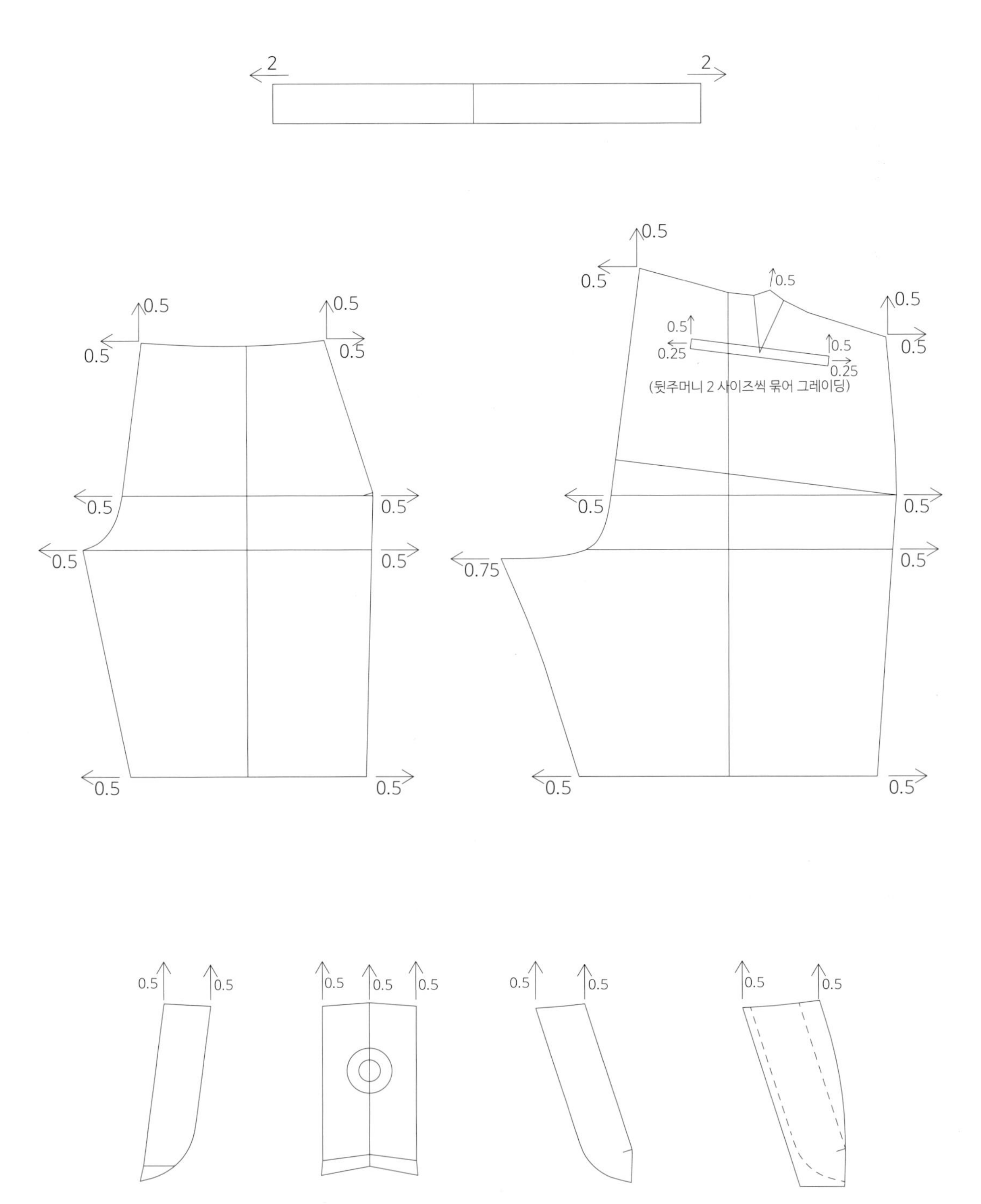

그레이딩

남성복 기본 반바지 MP21U009

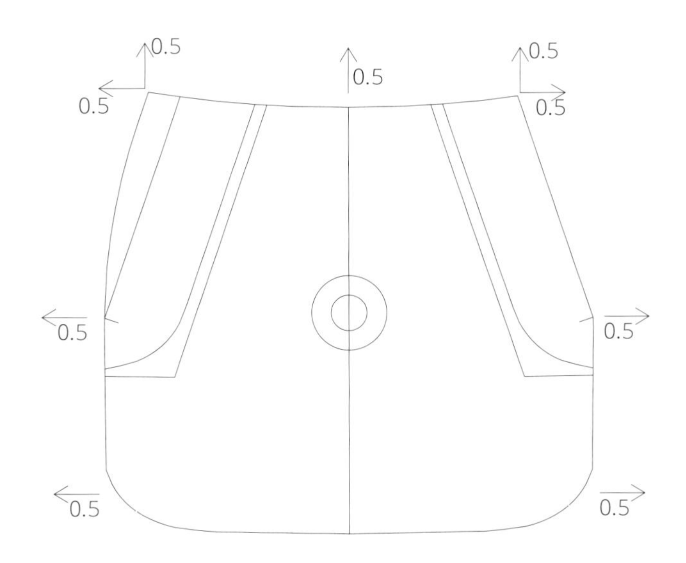

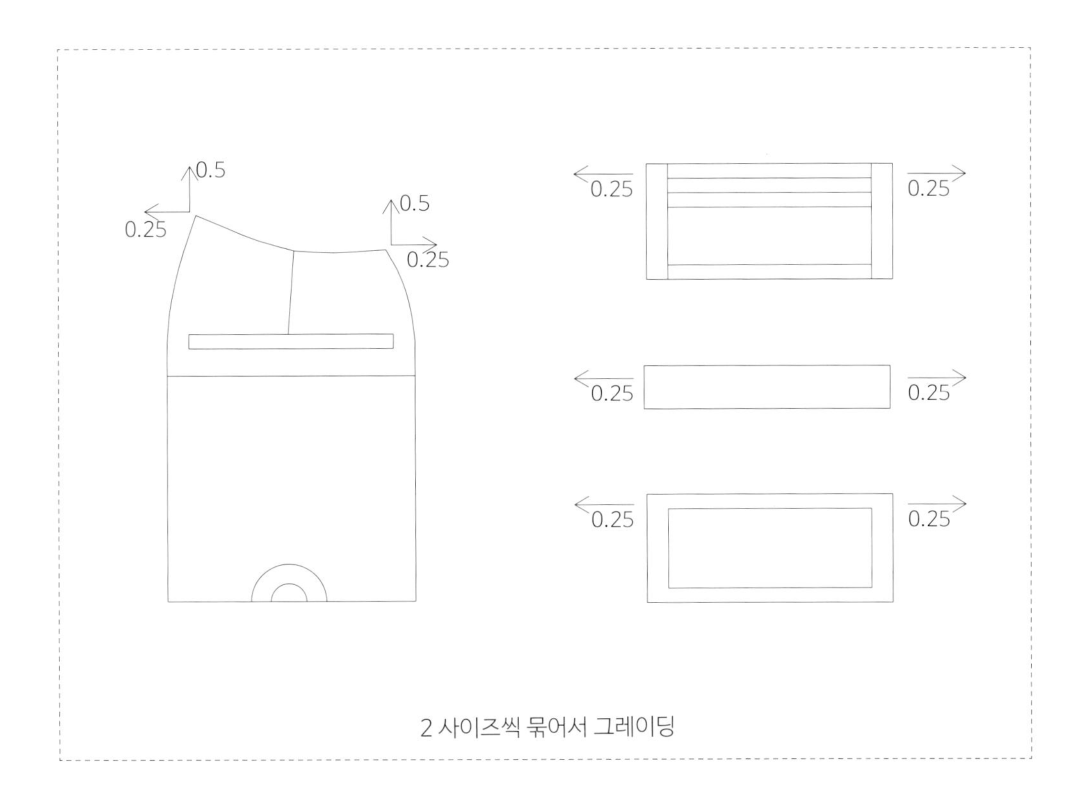

그레이딩

남성복 기본 반바지 MP21U009

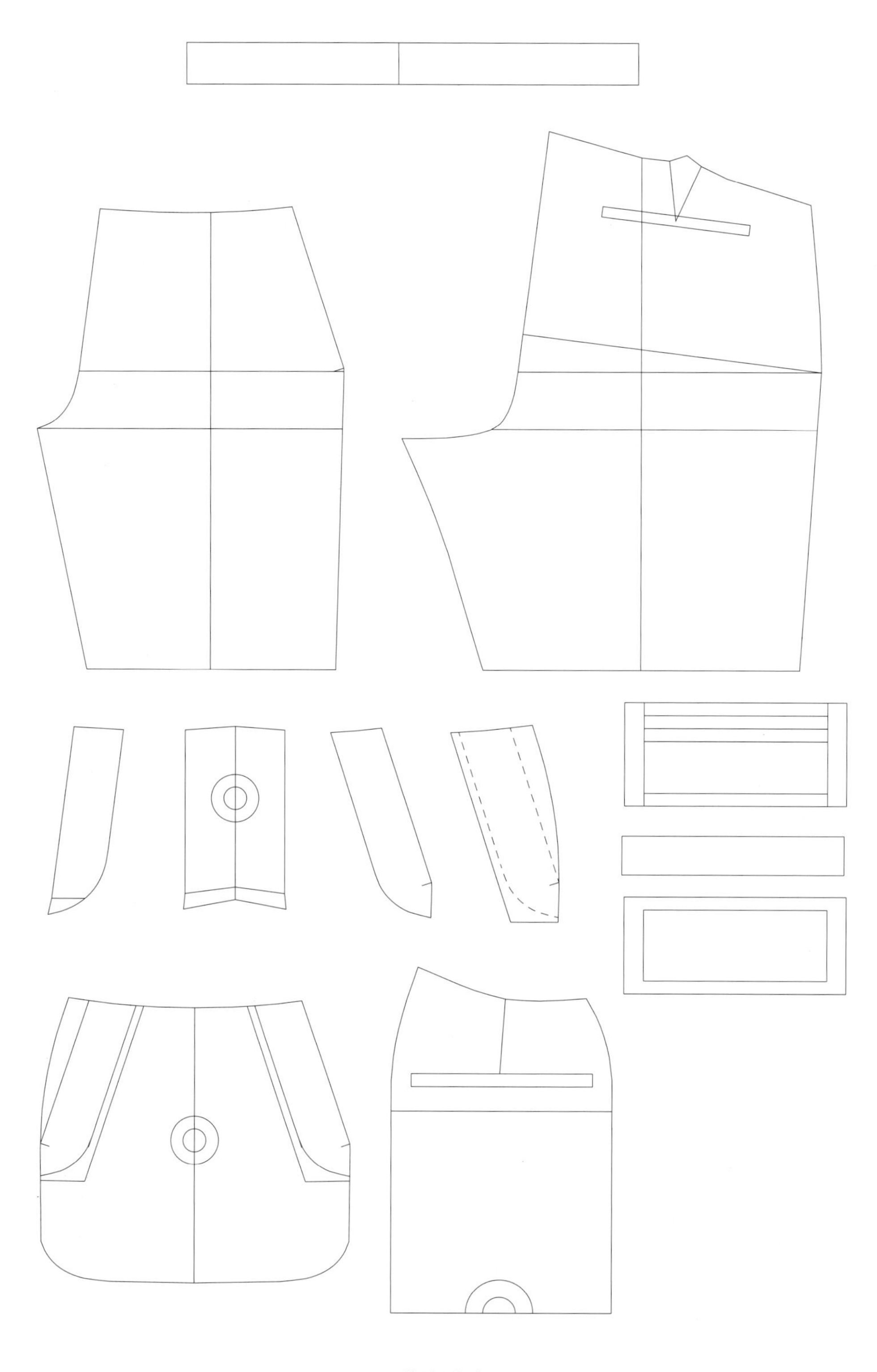

패턴 정리

남성복 투턱 반바지 MP21U_U002

패턴사이즈 (단위:cm)	MP21U007							
허리 둘레	66-82	70-86	74-90	78-94	82-98	86-102	90-106	94-110
엉덩이 둘레	88	92	96	100	104	108	112	116
밑단 단면	19.5	20	20.5	21	21.5	22	22.5	23
총장	89	89.5	90	90.5	91	91.5	92	92.5

※ 이밴드 텐션이나, 원단의 두께에 따라 사이즈 값이 달라질 수 있습니다.

※ 허리둘레는 원단두께에 따라, 패턴사이즈보다 1cm~2.5cm 작아질 수 있습니다.(내외경차)

※ 인체 누드치수에서 적당한 여유가 있어야 합니다.

남성복 투턱 반바지 MP21U_U002

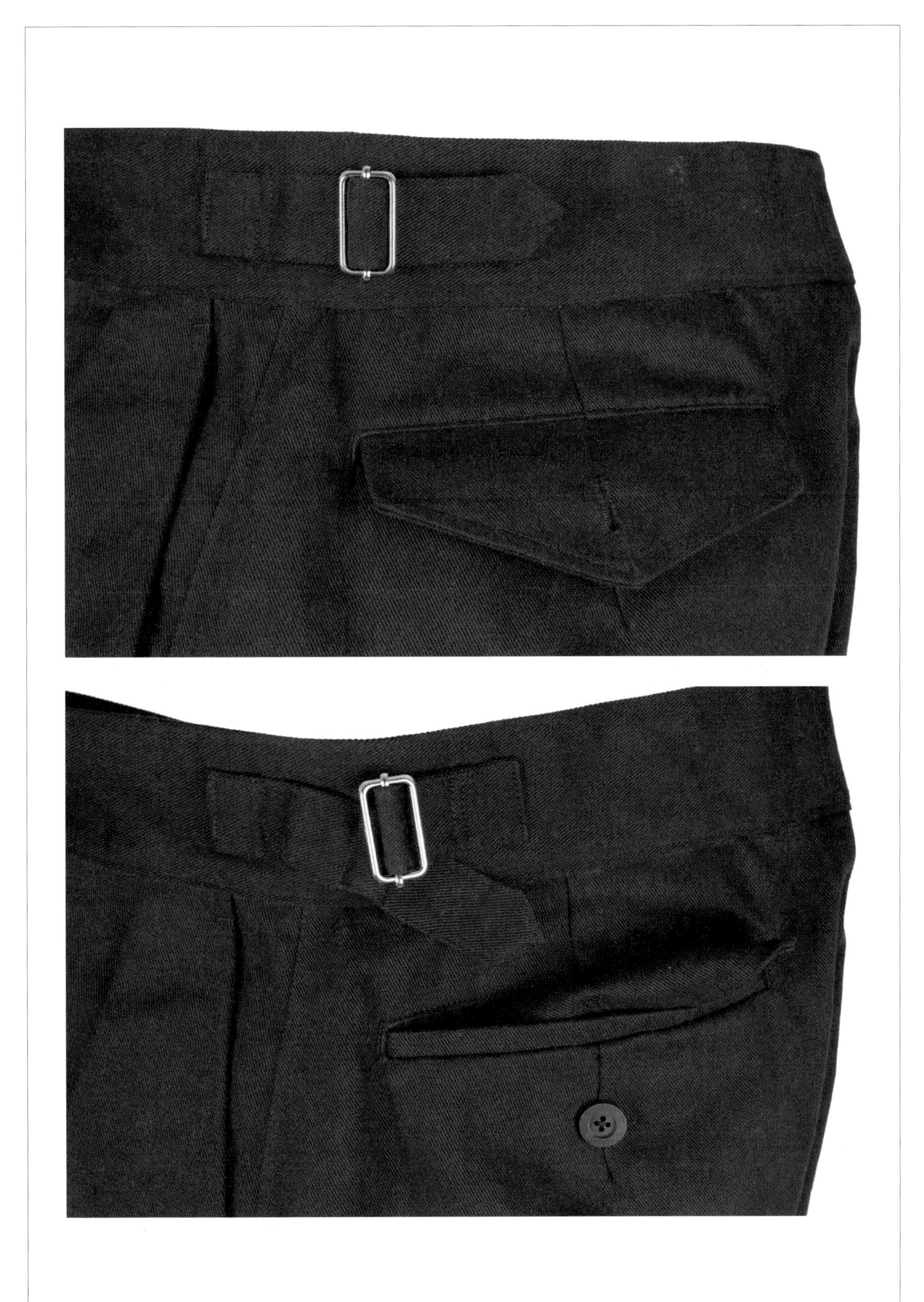

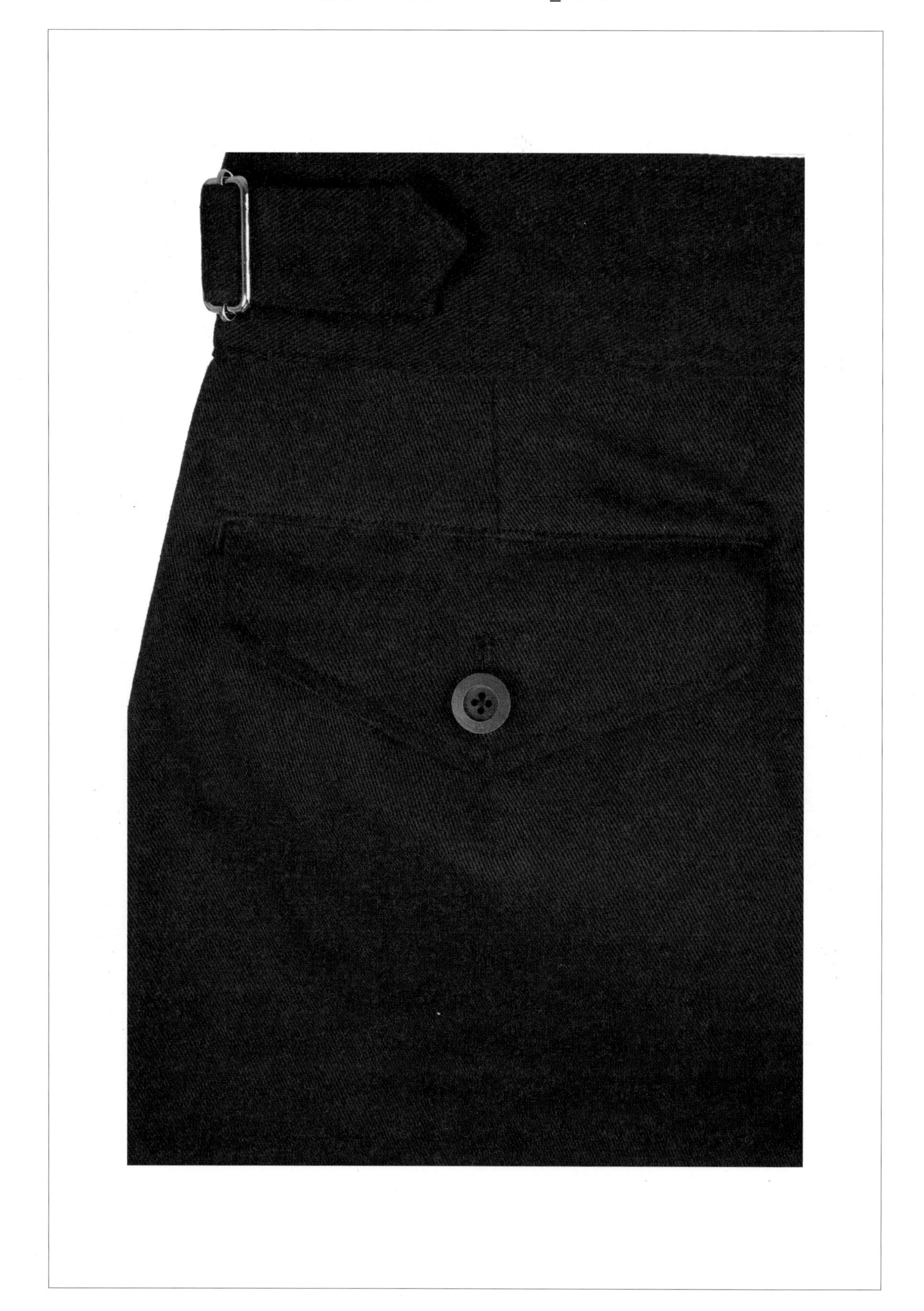

남성복 투턱 반바지 MP21U_U002

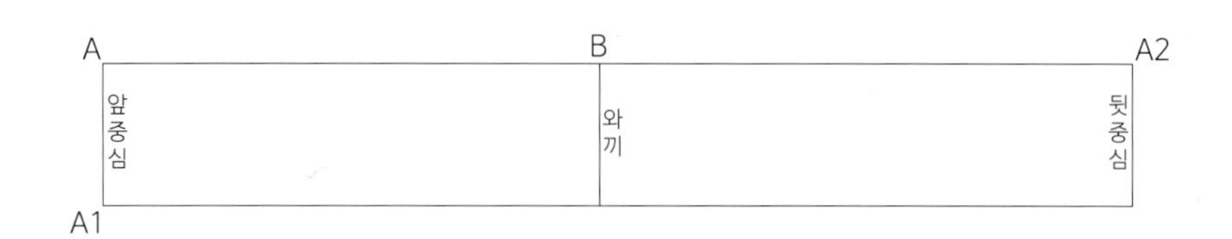

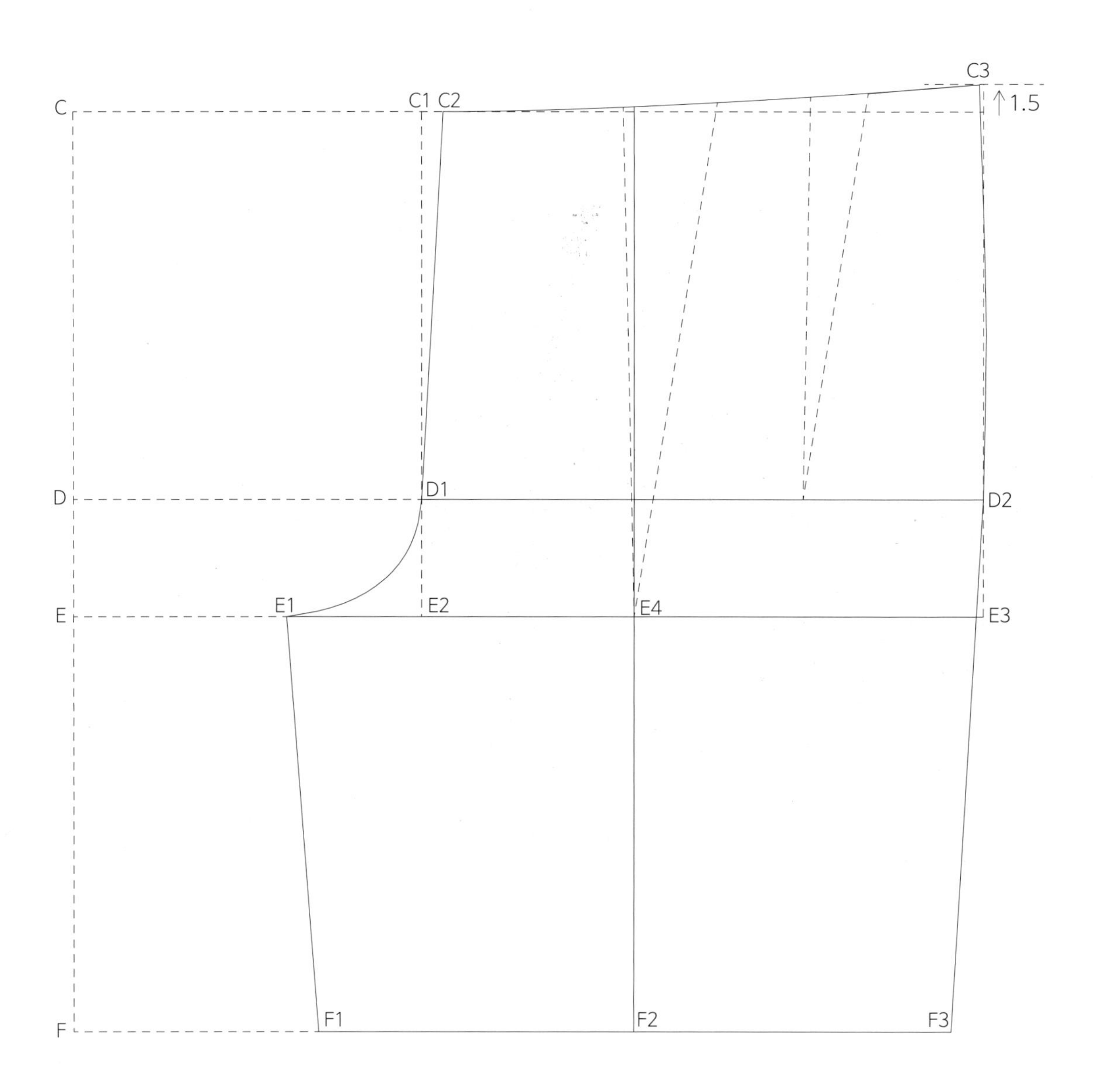

A-A1	6	오비 폭
A-B	21	앞허리
B-A2	22.25	뒤허리
C-D	21.5	
D-E	6.5	
E-F	23	
C2-C3	29.5	21 + 5(턱) + 3(턱) + 0.5(이세)
C1-C2	1.2	입체 값
D1-D2	31	
E1-E2	7.5	
E4		E1-E3 중간 점
F1-F2, F2-F3	17.5	

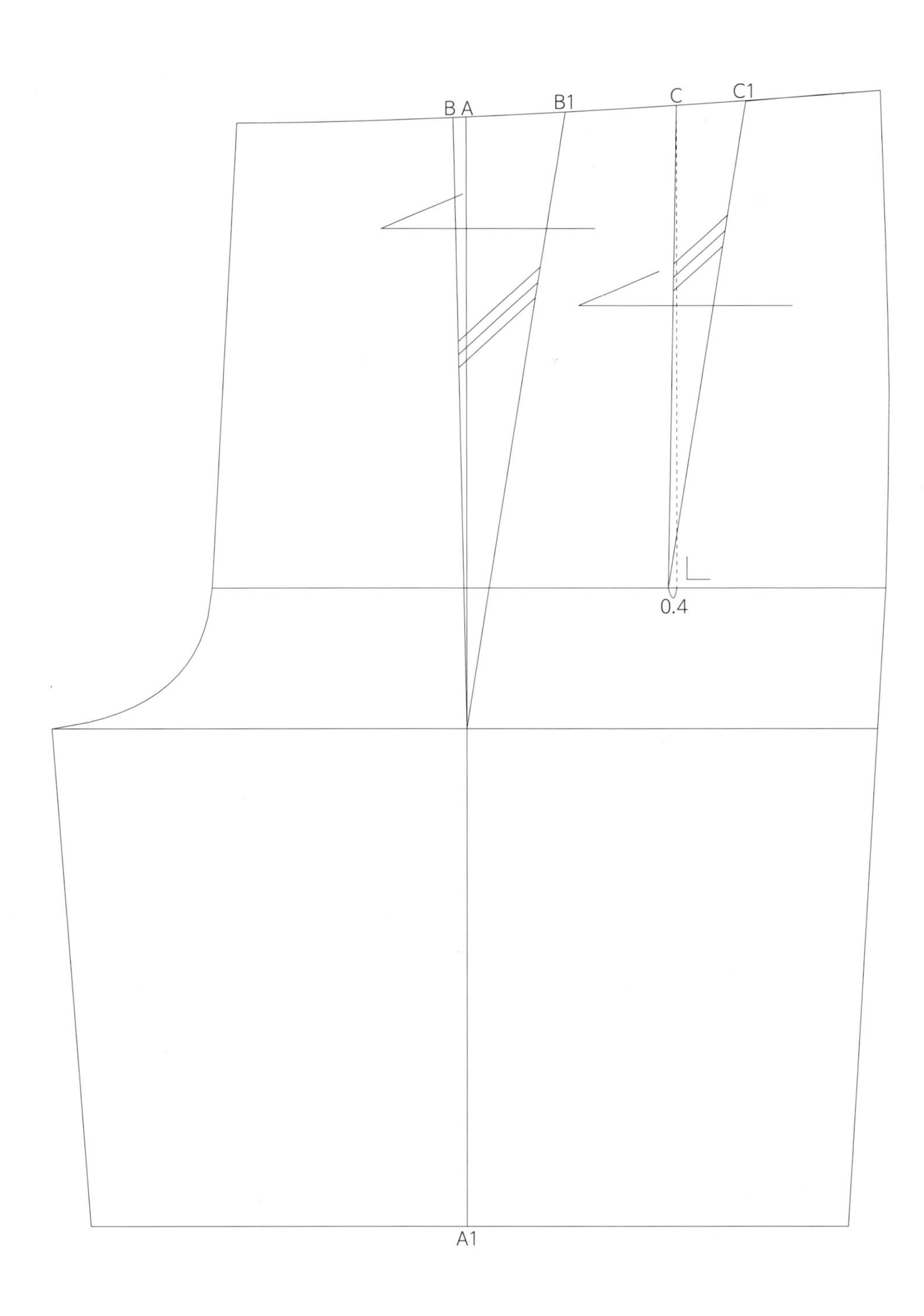
B
A
B1
C
C1
0.4
A1

남성복 투턱 반바지 MP21U_U002

A-A1		레직기 선
A-B	0.6	
B-B1	5	턱
B1-C	5	턱 사이 간격
C-C1	3	턱

남성복 투턱 반바지 MP21U_U002

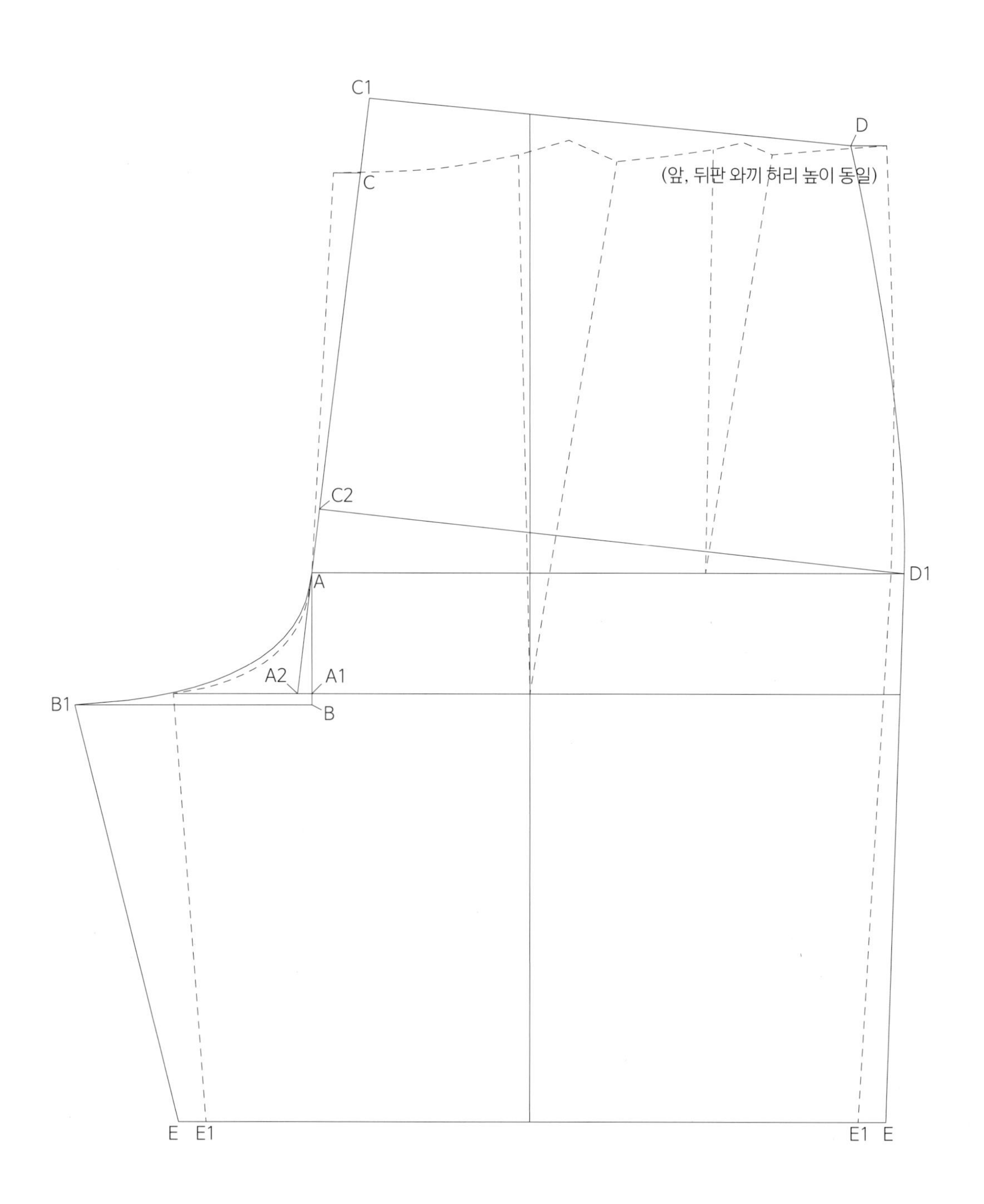

A-A1	6.5	수직으로 내림
A1-A2	0.8	A와 A2를 직선으로 연결하여 뒤중심선을 그린다
A1-B	0.6	
B-B1	12.8	뒤 고마대 값
C-C1	4	
C1-D	25.75	22.25 + 3(다트) + 0.5(이세)
C2-D1	31.5	뒤 힙 값
E-E1	1.5	

인심 선을 직선으로 쓰며 뒤판의 인심을 늘려박지 않는다.

남성복 투턱 반바지 MP21U_U002

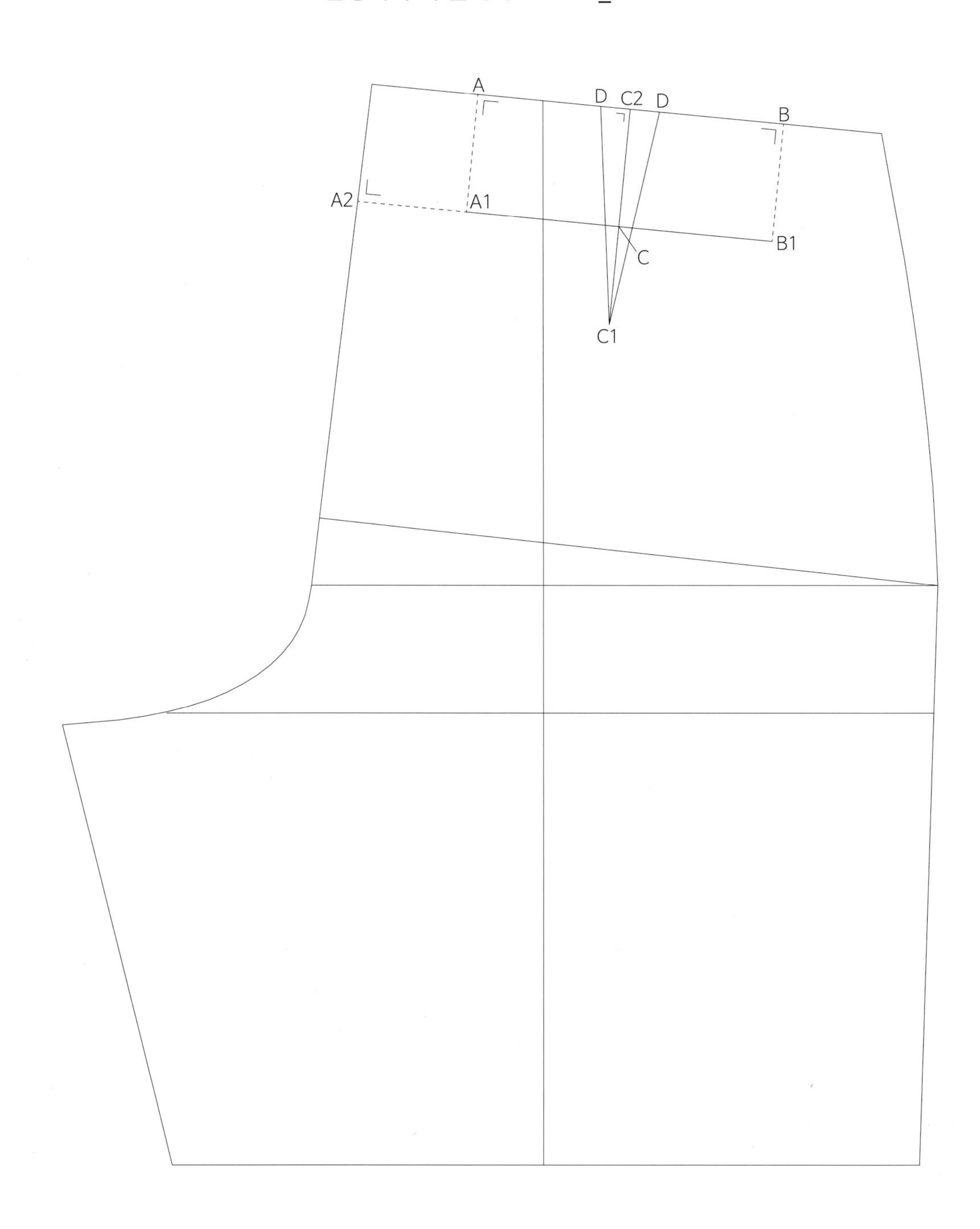

A-A1, B-B1	6	
A1-A2	5.5	
A1-B1	17	주머니 크기 15.5 + 다트 값 1.3
C		A1-B1 중간 점
C-C1	5	
C2-D	1.5	다트 값 3

남성복 투턱 반바지 MP21U_U002

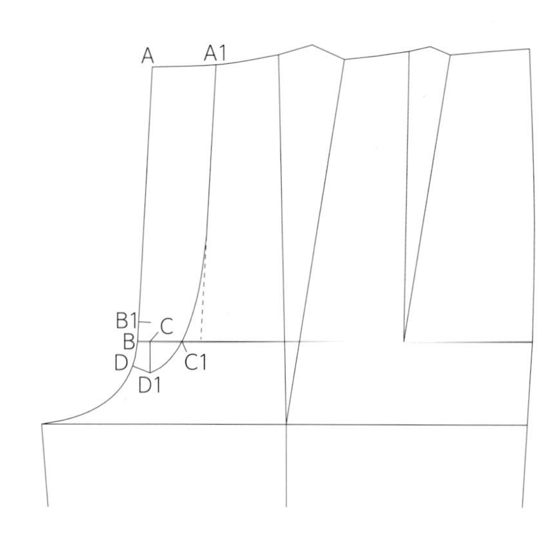

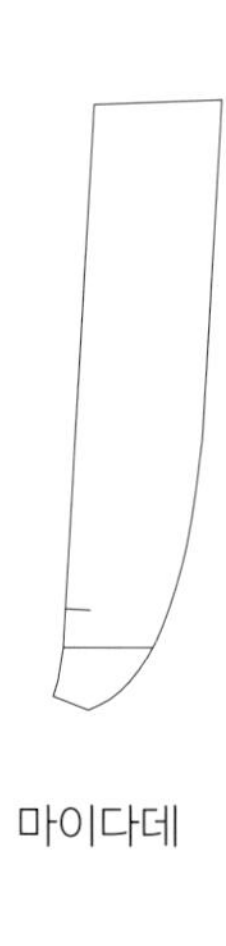

마이다데

마이다데

A-A1	5	
A-B1	20	지퍼끝 너치
B-D	2	
B-C	1	
C-D1	2.5	
B-C1	3.5	

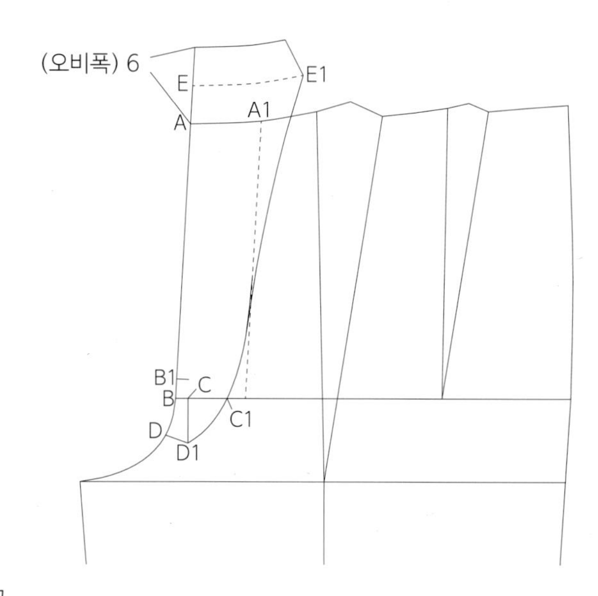

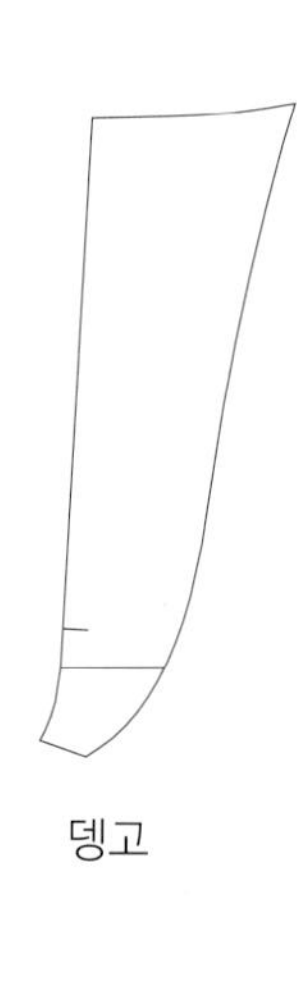

뎅고

뎅고

A-A1	5.5
B-D	3
B-C	1
C-D1	3.5
B-C1	4
A-E	3
E-E1	9

남성복 투턱 반바지 MP21U_U002

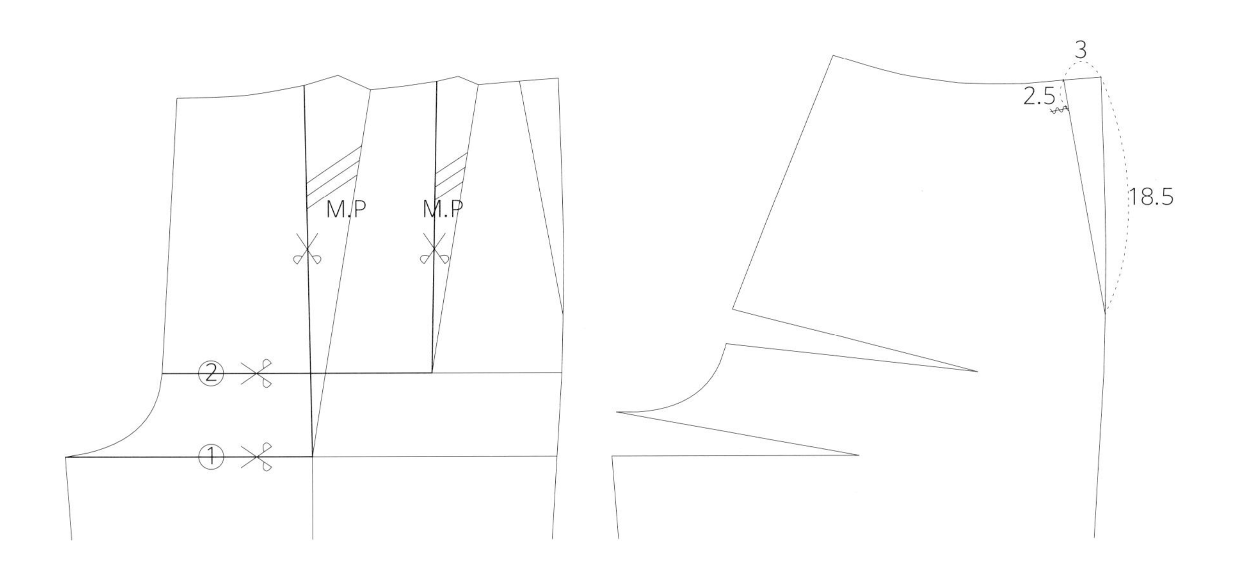

앞 주머니 작업을 위해 턱을 모두 앞중심으로 MP 시킨다

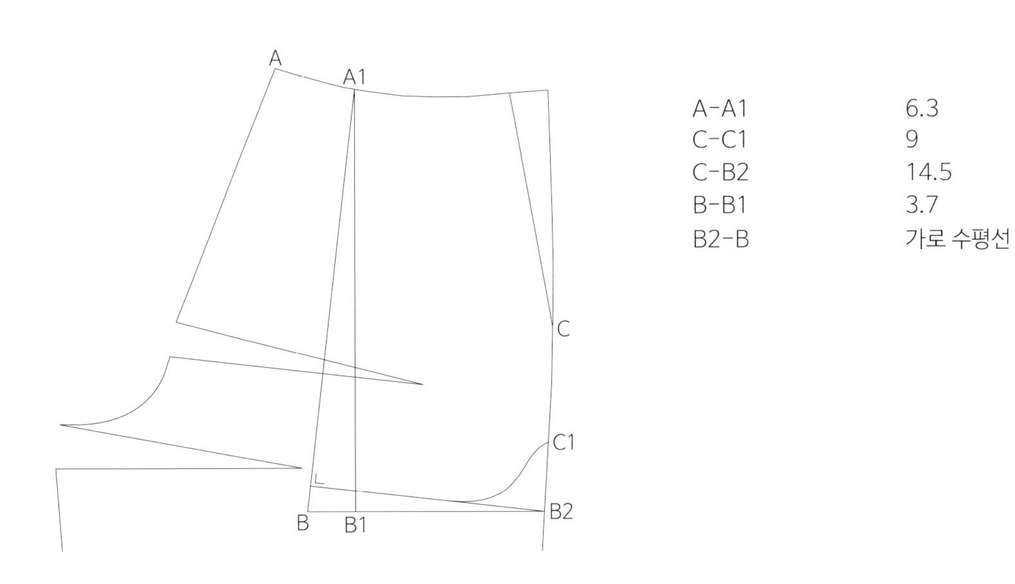

A-A1	6.3
C-C1	9
C-B2	14.5
B-B1	3.7
B2-B	가로 수평선

앞주머니 TC감

남성복 투턱 반바지 MP21U_U002

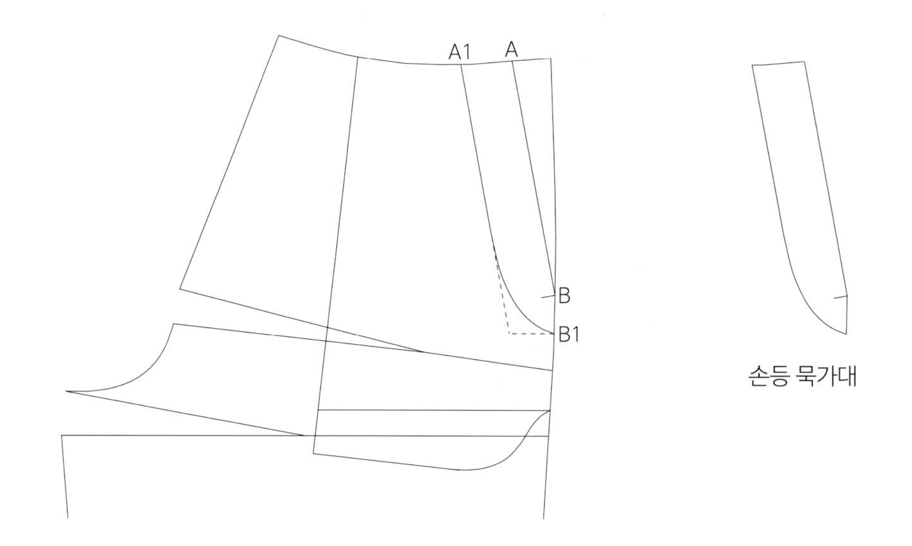

손등 묵가대

A-A1	4
B-B1	3

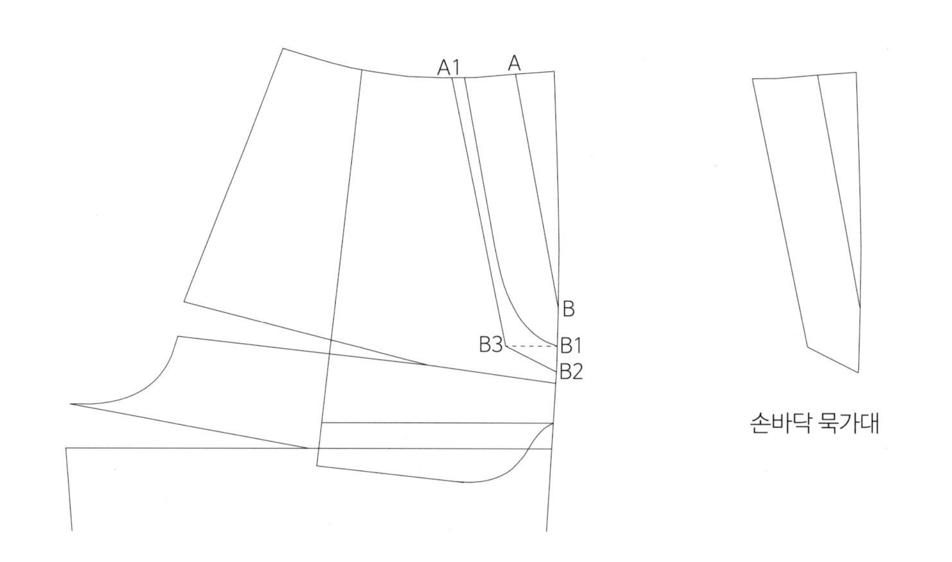

손바닥 묵가대

A-A1	5
B-B1	3
B-B2	5
B1-B3	4

남성복 투턱 반바지 MP21U_U002

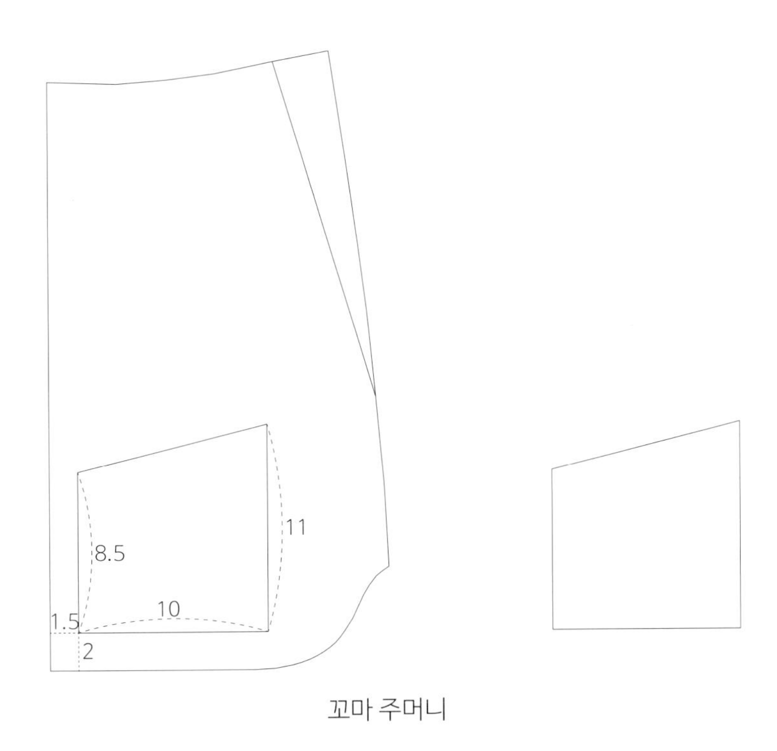

꼬마 주머니

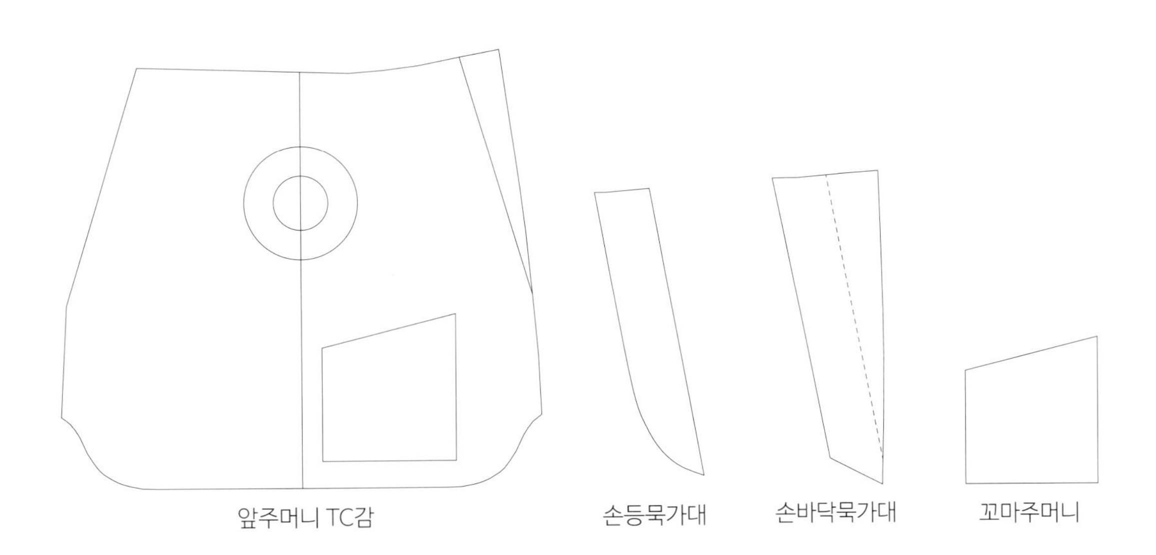

남성복 투턱 반바지 MP21U_U002

1.

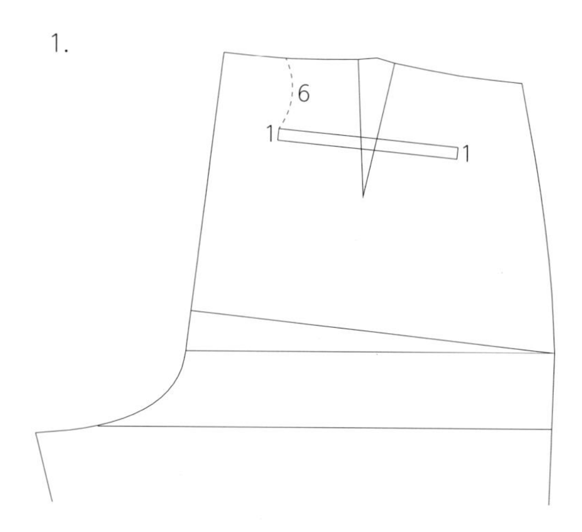

2.

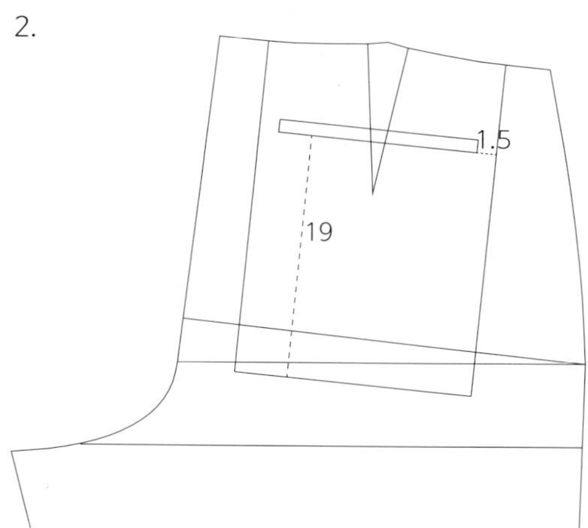

3.

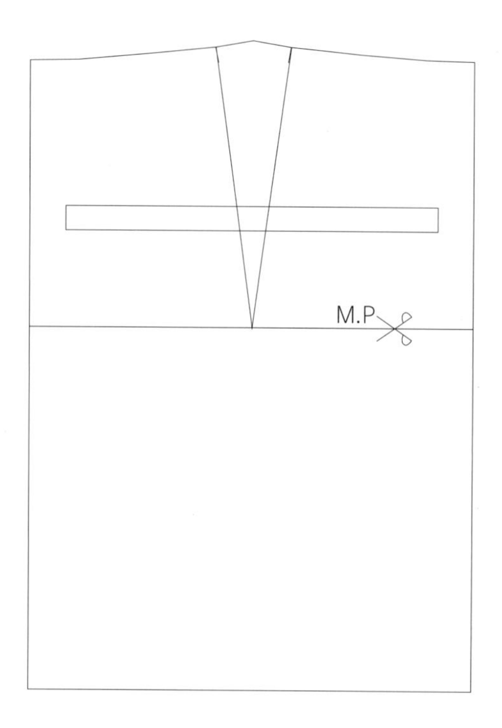

4.

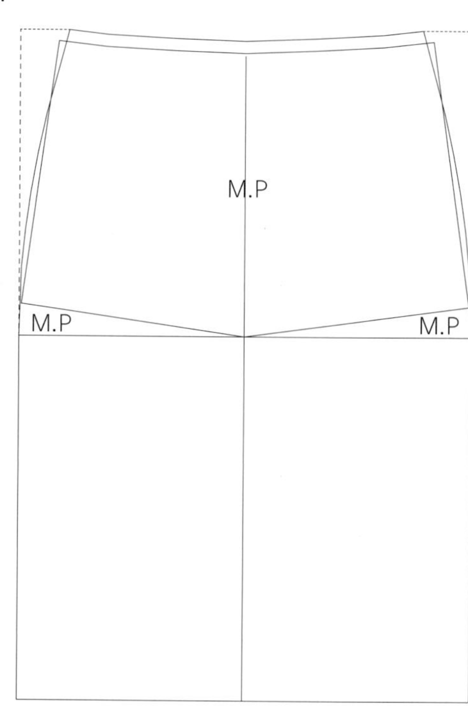

남성복 투턱 반바지 MP21U_U002

A-A1	2	
A1-B	0.5	여유

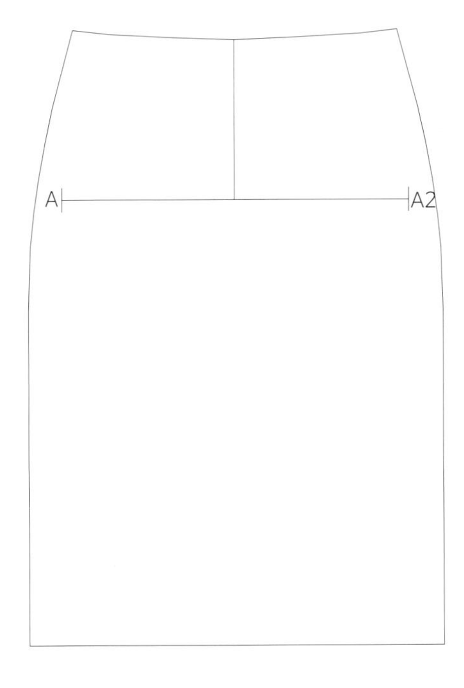

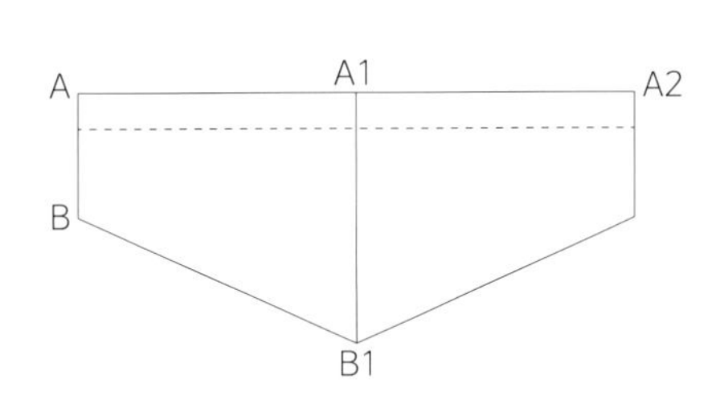

A-A2	15.5(다트 mp 후의 주머니 길이)
A-B	3.5
A1	A-A2의 중간 점
A1-B1	7

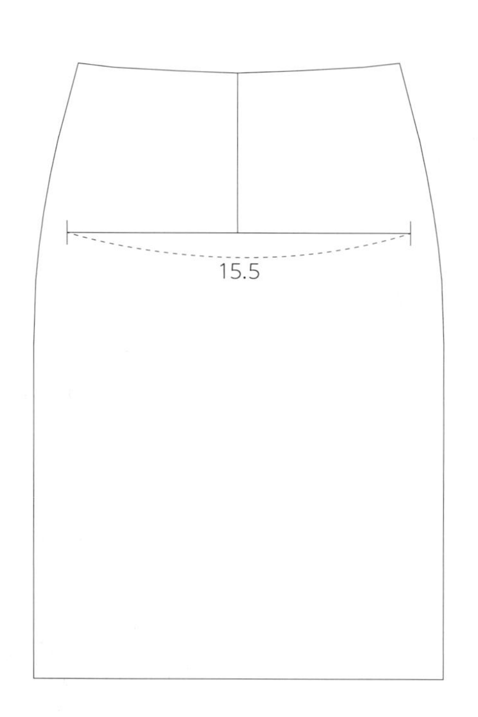
15.5

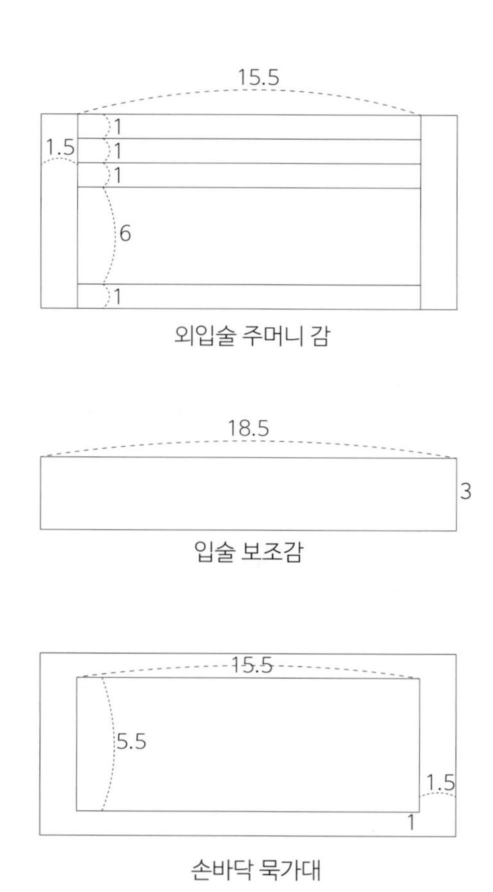
15.5
1.5
1
1
1
6
1
외입술 주머니 감
18.5
3
입술 보조감
15.5
5.5
1.5
1
손바닥 묵가대

남성복 투턱 반바지 MP21U_U002

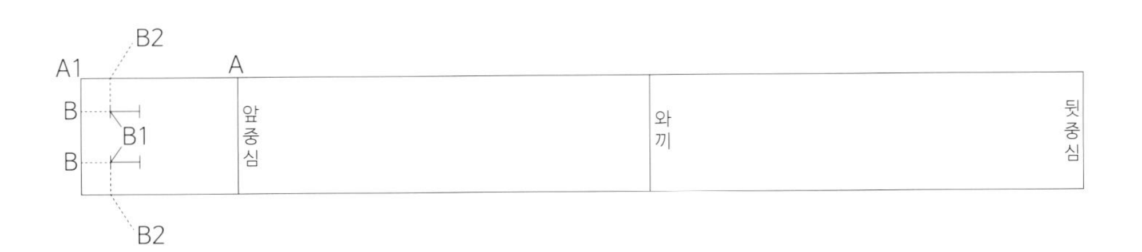

오비 마이다데 방향

A-A1	8	
B-B1	1.5	단추 15mm
B1-B2	1.7	

오비 뎅고 방향

A-A2	9	
A1-A2	1.2	
B	A2-B2 중간점	
B-B3	2	단추 15mm

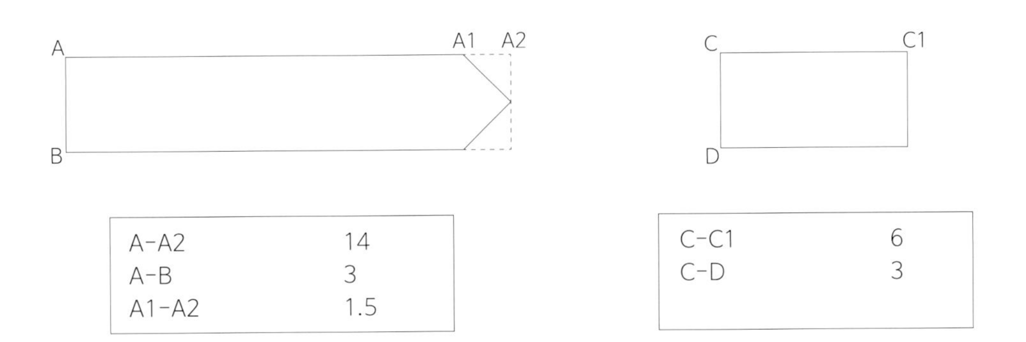

A-A2	14
A-B	3
A1-A2	1.5

C-C1	6
C-D	3

사이드 어드저스트

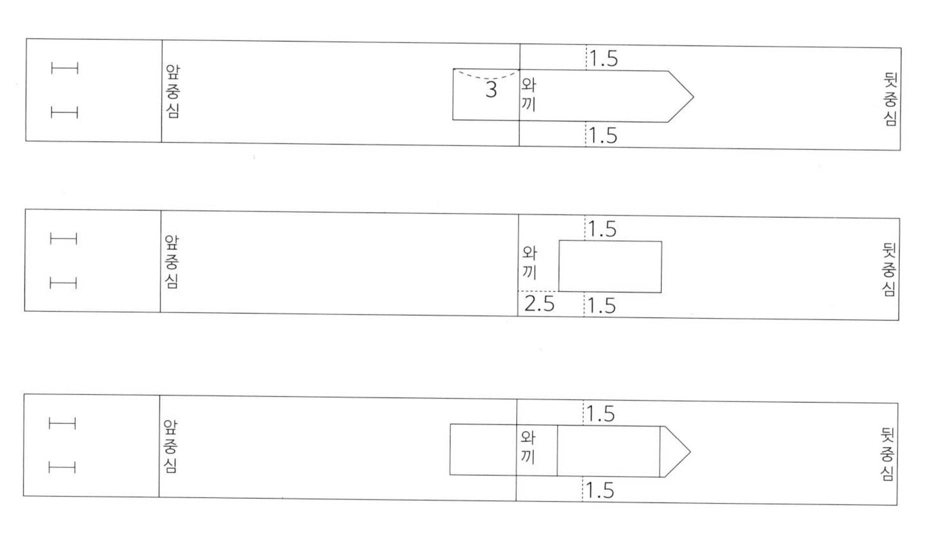

사이즈 어드저스트 부착 (양쪽 모두)

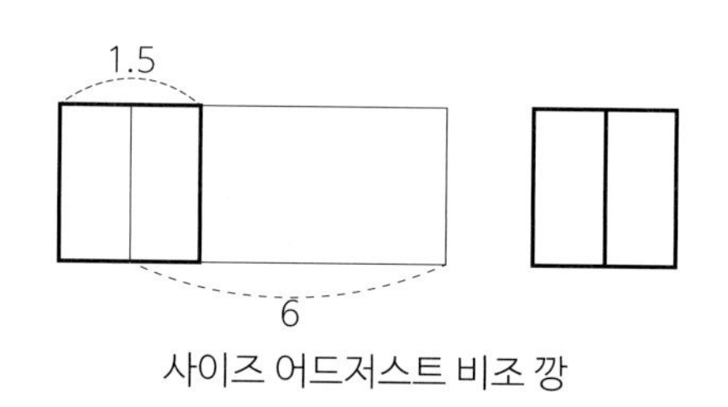

사이즈 어드저스트 비조 깡

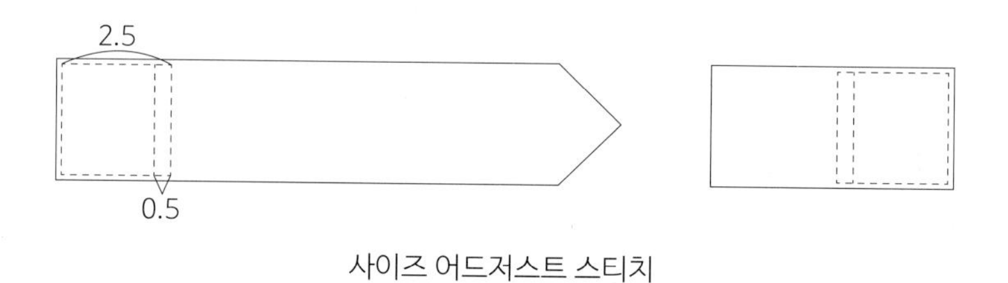

사이즈 어드저스트 스티치

남성복 투턱 반바지 MP21U_U002

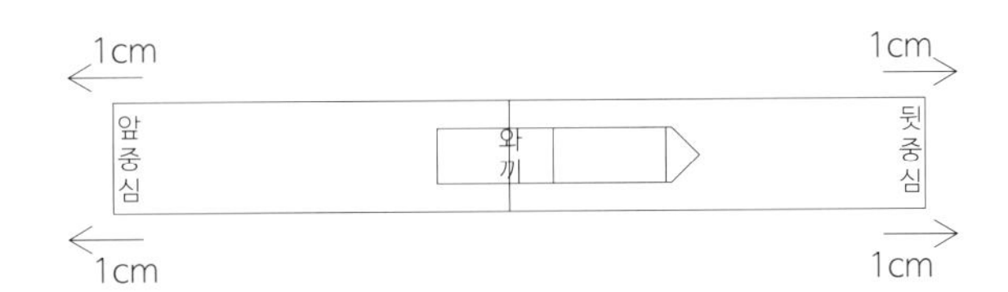

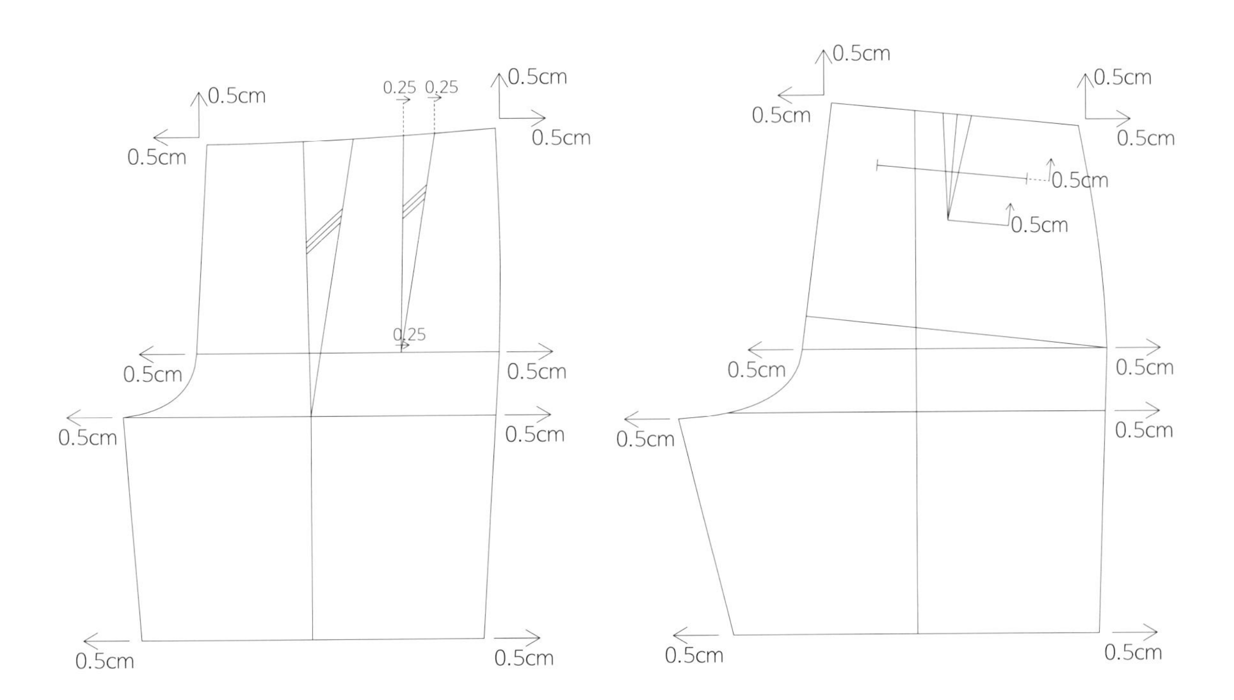

그레이딩

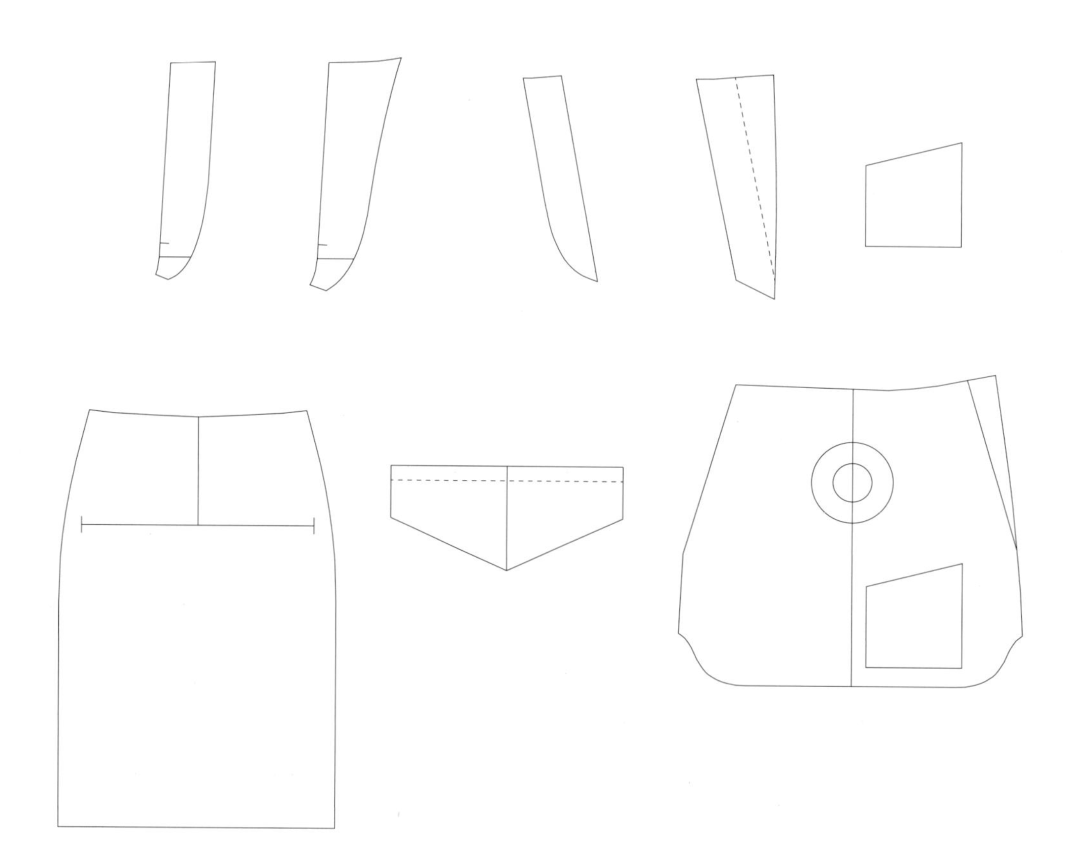

사이즈 유지하여 그대로 사용

그레이딩

남성복 투턱 반바지 MP21U_U002

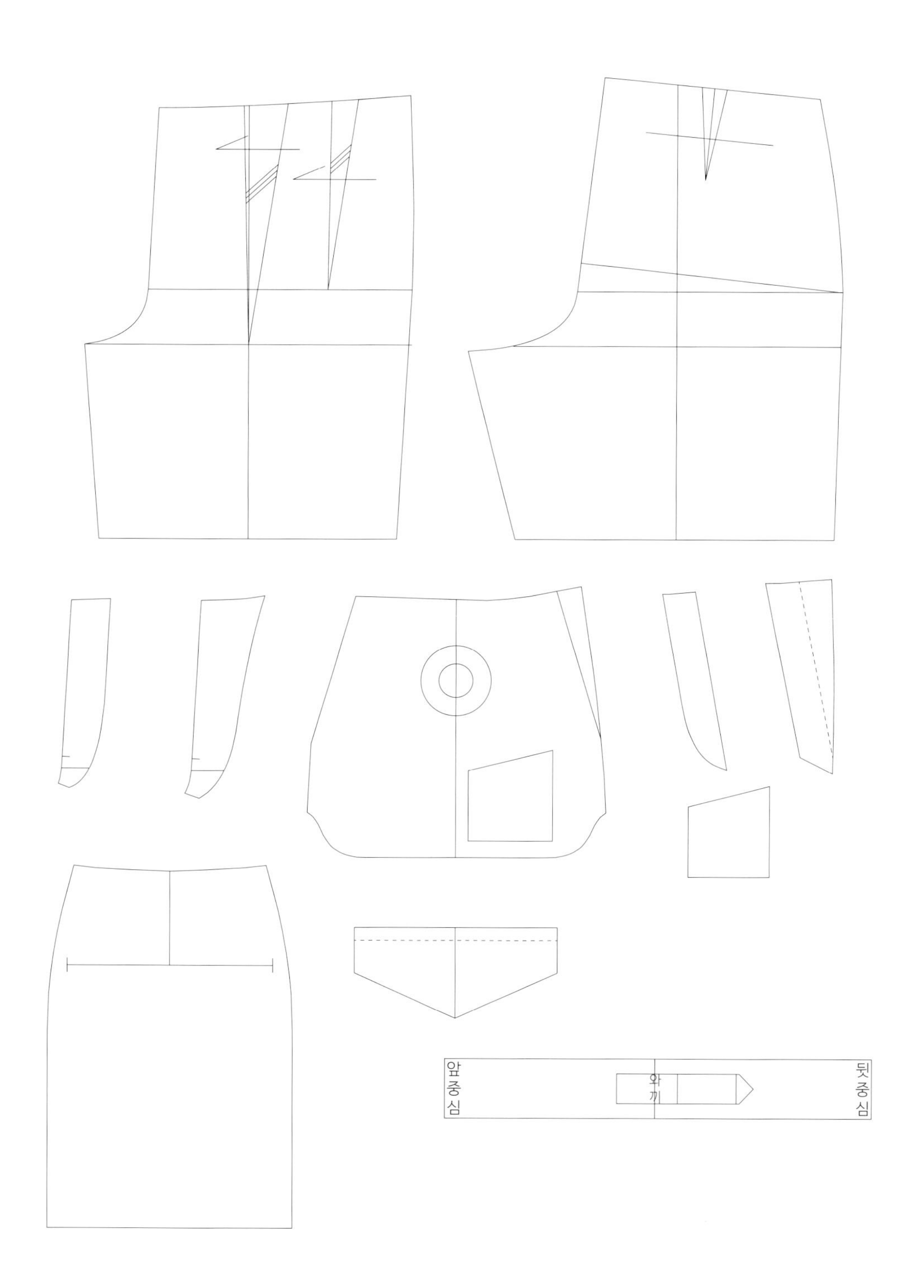

패턴 정리

남성복 실무 바지 패턴

Men's wear pants
Practical pattern

초판 1쇄 발행 2021년 10월 27일

지은이 이후
펴낸이 이기봉
편집 좋은땅 편집팀
펴낸곳 도서출판 좋은땅
주소 서울특별시 마포구 양화로12길 26 지월드빌딩 (서교동 395-7)
전화 02)374-8616~7
팩스 02)374-8614
이메일 gworldbook@naver.com
홈페이지 www.g-world.co.kr

ISBN 979-11-388-0297-0 (03590)